强制性认证消防产品工厂条件典型配置汇编
——建筑耐火构件产品

李 博 李 涛 刁晓亮 编著

天津大学出版社
TIANJIN UNIVERSITY PRESS

图书在版编目(CIP)数据

强制性认证消防产品工厂条件典型配置汇编:建筑
耐火构件产品 / 李博, 李涛, 刁晓亮编著. -- 天津:
天津大学出版社, 2018.7
  ISBN 978-7-5618-6187-5

Ⅰ.①强… Ⅱ.①李… ②李… ③刁… Ⅲ.①建筑材
料－耐火材料－产品－消防管理－中国 Ⅳ.①TU54

中国版本图书馆CIP数据核字(2018)第171196号

QIANGZHIXING RENZHENG XIAOFANG CHANPIN
GONGCHANG TIAOJIAN DIANXING PEIZHI HUIBIAN
——JIANZHU NAIHUO GOUJIAN CHANPIN

出版发行	天津大学出版社
地　　址	天津市卫津路92号天津大学内(邮编:300072)
电　　话	发行部:022-27403647
网　　址	www.tjupress.com.cn
印　　刷	北京盛通商印快线网络科技有限公司
经　　销	全国各地新华书店
开　　本	169mm×239mm
印　　张	7.5
字　　数	156千
版　　次	2018年7月第1版
印　　次	2018年7月第1次
定　　价	30.00元

前　言

根据国家质量监督检验检疫总局、公安部、国家认证认可监督管理委员会《关于部分消防产品实施强制性产品认证的公告》(2014 年第 12 号公告)的规定,原型式认可的多类消防产品纳入强制性产品认证目录,并于 2015 年 9 月 1 日具体实施。基本认证模式采用产品型式试验、工厂条件检查和证后监督结合。对于申请认证的消防产品生产企业及工厂检查员来说,迫切需要了解工厂条件检查的具体要求和典型配置。

本文分五个章节,介绍了消防产品强制性认证的发展现状,火灾防护类产品的分类,生产企业工厂条件典型配置,产品一致性控制要求以及生产现场和使用领域检查实例分析,以期能为认证企业和检查员提供帮助。

在编写过程中,编者广泛搜集和参阅了国内外相关资料和文献,但限于水平和时间,难免有不足之处,请广大读者批评指正。

编者

2018 年 4 月

目　　录

第1章 消防产品强制性认证发展

1.1 产品认证概述

产品认证是独立的第三方对产品是否满足规定要求所实施的评价和证明。产品认证由符合要求的产品认证机构实施,通常对产品特性的要求在产品标准或者其他正式文件中规定。产品认证是一种合格评定活动,能为消费者、监管机构、生产者和其他利益相关方建立有关产品符合规定要求的信心。产品认证的目标是使所有相关方相信产品符合相关规定的要求。

1.2 产品认证的起源

产品认证是伴随着产品进入流通领域作为商品进行交换而产生的一种活动,并伴随着工业革命的进步和国际贸易的发展而发展。

人类社会的质量活动可以追溯到远古时代,伴随着社会生产力和商品交换的发展而变得日益重要。发生在18世纪的工业大革命使质量活动发生了本质上的变化,产生了早期的产品认证和质量管理。现代意义上的产品认证制度和质量管理活动则是从19世纪末、20世纪初开始的,经过100多年的发展历程,从自发的、局部的需求,转变成地区的、国家的自觉活动,直到今天形成了具有系统理论指导的国际化合格评定活动。

19世纪中叶,一些工业化国家为保护人身安全,开始制定法律或技术法规,规定电器、锅炉等工业品必须符合行业或政府规定的要求,并按批准程序确认,才能被市场接受,从而出现了强制性产品认证。制度化的产品认证从20世纪30年代开始发展,到50年代基本上普及到所有工业发达国家,如欧盟CE认证、欧洲标准电器认证(ENEC),美国保险商试验所(UL)认证和加拿大标准协会(CSA)认证及标志。这些认证及标志既有政府强制立法的,也有获得消费者全面认可的。

商品在流通与交换过程中,生产者需要证明自己的产品符合相应的规定要求,消费者需要知晓自己购买商品的质量是否可靠。但由于商品种类繁多且结构性能比较复杂,人们已不能仅凭一般的直观感觉和经验来判断商品质量的优劣,而对制造者符合性声明的单方保证又缺乏足够的信任度和公正性,难以被购买者所接受。在这种情况下,一种由独立于供需双方的第三方来证明产品质量符合性的认证活动便应运而生,它是经济发展的必然产物。

产品认证在贸易中给政府、企业和顾客带来了许多益处,主要表现在以下几个方面。

(1)政府可将产品认证作为贯彻标准和有关安全法规的有效措施对商品质量进行有效的管理。产品认证使制造商从获证前自发执行标准转变为获证后自觉地接受认证标准,并承担自己的质量责任,同时也使顾客受益。

(2)产品认证规范了企业的生产活动,提高了制造水平,从而大大减少了产品造成的人身伤害和财产损失,从源头上保证了顾客和社会的利益。

(3)由于认证的产品都加贴了认证标志,明示了顾客的产品已由第三方认证机构按特定的程序进行了科学评价,可以放心购买。即使产品出现问题,认证机构也会依据国家法规和本身职责受理消费者申诉,负责解决产品质量争议来保护消费者的利益。

(4)产品认证作为国际贸易中普遍被接受和使用的证明手段,有利于制造商的产品在顾客心中建立信誉。通过认证的制造商可得到包括国际市场在内的市场认可。

1.3　国际通用认证模式

国际标准化组织(ISO)在《认证原则与实践》一书中,将国际上常见、通用的认证模式归纳为八种,见表1-1。

(1)型式试验:按规定方法对产品的样品进行试验,以证明样品是否符合标准或技术规范的全部要求。

(2)型式试验+认证后监督(市场抽样检验):这是一种带有监督措施的认证制度,监督的方法是从市场上购买样品或从批发商、零售商的仓库中随机抽样进行检验,以证明认证产品的质量持续符合认证标准的要求。

(3)型式试验+认证后监督(工厂抽样检验):这种认证制度与第二种相类似,只是监督的方式有所不同,不是从市场上抽样,而是从生产厂发货前的产品中随机抽样进行检验。

(4)型式试验+认证后监督(市场和工厂抽样检验):这种认证制度是第二种和第三种的综合。

(5)型式试验+工厂质量体系评定+认证后监督(质量体系复查+工厂和/或市场抽样):此种认证制度的显著特点是在批准认证的条件中增加了对产品生产厂质量体系的检查评定,在批准认证后的监督措施中也增加了对生产厂质量体系的复查。

（6）工厂质量体系评定＋认证后的质量体系复查：这种认证制度是对生产厂按所要求的技术规范生产产品的质量体系进行检查评定,常称为质量体系认证。

（7）批量检验：根据规定的抽样方案,对一批产品进行抽样检验,并据此对该批产品是否符合认证标准要求进行判定。

（8）100%检验：对每个产品在出厂前都要依据标准经认可独立的检验机构进行检验。

表1-1　认证模式分类

认证模式	型式试验	工厂质量体系评定	认证后监督		
			市场抽样	工厂抽样	质量体系复查
1	√				
2	√		√		
3	√			√	
4	√		√	√	
5	√	√	√	√	√
6		√			√
7	√		√（抽检）		
8	√		√（全检）		

1.4　我国产品认证的分类

按产品认证的种类,我国目前开展的产品认证可以分为:国家强制性产品认证和自愿性产品认证。

国家强制性产品认证制度是各国政府为保护广大消费者人身安全和动植物生命安全,保护环境,保护国家安全,依照法律、法规实施的一种产品合格评定制度,它要求产品必须符合国家标准和技术法规。强制性产品认证是通过制定强制性产品认证的产品目录和实施强制性产品认证程序,对列入目录中的产品实施强制性的检测和审核。凡列入强制性产品认证目录内的产品,没有获得指定认证机构的认证证书,没有按规定加施认证标志,一律不得进口、不得出厂销售和在经营服务场所使用。

自愿性产品认证是对于强制性产品认证制度管理范围之外的产品或产品技术要求,国家认证认可监督委员会按照国家统一推行和机构自主开展相结合的方式,结合市场需求,推动自愿性产品认证制度的开展,企业均可根据需要自愿向认证机构提出认证申请。其中国家统一推行的自愿性产品认证的基本规范、认证规则、认证标志由国家认监委制定;而属于认证新领域,国家认监委尚未制定认证规则及标志的,经国家认监委批准的认证机构可自行制定认证规则及标志,并报国家认监委备案核查。

1.5　我国消防产品认证现状

根据国家质量监督检验检疫总局、公安部、国家认证认可监督管理委员会《关于部分消防产品实施强制性产品认证的公告》(2014年第12号公告)的规定,原型式认可的多类消防产品纳入强制性产品认证目录,于2015年9月1日具体实施。基本认证模式采用产品型式试验、工厂条件检查和证后监督相结合。

目前,我国消防产品分为灭火设备产品、火灾防护产品、电子报警产品、消防装备产品四大类,对应的强制性认证合格评定机构有两家,国家级的消防产品质量检验中心有四家。

认证行业的整体形势是机遇与风险同时存在,根据中央供给侧改革要求,质检总局在标准、计量、认证认可、检验检测方面整体进行质量的提升,认证领域存在较多的机遇。同时认证机构准入要求放宽,认证机构增多,市场竞争力的加大、网络信息化的进步、群众监督力量的增强导致认证风险加大,并且质检总局减免生产许可证费用、检定费用等制度的实施更加使得认证行业的改革刻不容缓。因此认证机构应适应改革趋势,加强责任意识和风险意识。政府和认证机构应加强监管力度。

为贯彻落实国务院关于"简政放权、放管结合、优化服务"的工作要求,加快构建"放、管、治"质量提升工作格局,针对强制性认证,国家认监委发布了78号文《国家认监委关于建立和落实强制性产品认证指定认证机构主体责任的指导意见》,全面贯彻党的十八大和十八届三中、四中、五中全会精神,根据"简政放权、放管结合、优化服务"的工作要求,以保障中国强制性产品认证(以下简称CCC认证)目录内产品质量安全为基础,以维护CCC认证制度的公信力为核心,以建立和落实指定认证机构的主体责任为目标,创新管理方式,激发指定认证机构的市场主体活力,构建CCC认证产品质量安全社会共治机制。

1.6　新形势下的新要求

认证机构在"简政放权、放管结合"等政策的新常态下,针对实施机构增多、市场竞争问题凸显的情况,要主动发现和分析在认证实施过程中可能存在的各类问题,并采取有效的应对方案和措施,严把发证质量关;应以消除"中梗阻""肠梗阻",打通改革"最后一公里"为目标,严格落实各类改革政策,及时调整新的工作规程和要求,积极评估改革政策的实施成效,切实解决认证实施参与方的"获得感"问题,充分释放改革红利。认证机构应充分研判和识别影响发证质量的各类风险因素,积极运用大数据等信息技术手段开展重点产品的质量分析,切实做到对发证工作的符合性心中有数,建立完善对发证结果负总责的责仁追溯和风险防控机制。认证机构还应积极加强与生产企业、消费者、社会媒体、政府监管部门等认证相关方的交流合作,关注各方需求,发挥合力作用,构建共治机制,促进CCC认证制度的长远健康发展。

第2章　火灾防护类产品概述

2.1　防火窗

2.1.1　产品介绍

防火窗是具有一定耐火性能的窗户,通常设置在防火间距不足的两座建筑物外墙上或在被防火墙分隔的相邻两个空间之间。防火窗除了具有普通窗的采光、通风等作用外,还具有一定的耐火性能,能够在发生火灾时阻止火势的蔓延。

防火窗是最早纳入强制性认证产品目录的建筑耐火构件产品,经过多年发展,生产技术已经日臻成熟。20世纪90年代,防火窗开始被广泛应用在我国建筑物中,当时主要采用钢质防火窗,1997年我国发布并实施了国家标准《钢质防火窗》(GB 16809—1997)来对钢质防火窗的生产进行指导。随着行业的发展,防火窗的产品种类越来越多,应用场所也越来越复杂,我国于2008年4月22日发布,2009年1月1日实施了新版的国家标准《防火窗》(GB 16809—2008),该标准扩大了产品的使用范围,增加了新的分类方法和检验项目,为适应和促进防火窗行业的进一步发展发挥了非常重要的作用。

2.1.2　产品分类

防火窗按其窗框和窗扇框架采用的主要材料可以分为:钢质防火窗、木质防火窗、钢木复合防火窗和其他材质防火窗。钢质防火窗是指窗框和窗扇框架采用钢材制造的防火窗。木质防火窗是指窗框和窗扇框架采用木材制造的防火窗。钢木复合防火窗是指窗框采用钢材、窗扇框架采用木材制造或窗框采用木材、窗扇框架采用钢材制造的防火窗。除此之外的防火窗称作其他材质防火窗。

防火窗按其使用功能可以分为:固定式防火窗和活动式防火窗。固定式防火窗是指无可开启窗扇的防火窗。活动式防火窗是指有可开启窗扇且装配有窗扇启闭控制装置的防火窗。在活动式防火窗中,窗扇启闭控制装置能够控制活动窗扇开启和关闭,该装置具有手动控制启闭窗扇功能,还能够通过易熔合金件或玻璃球等热敏感元件自动控制关闭防火窗的窗扇。

防火窗按其耐火性能可以分为:隔热防火窗和非隔热防火窗。隔热防火窗是指在规定时间内,能同时满足耐火隔热性和耐火完整性要求的防火窗。非隔热防火窗是指在规定时间内,能满足耐火完整性要求的防火窗。防火窗的耐火性能分类与耐火等级代号见表2-1。

表 2-1   防火窗的耐火性能分类与耐火等级代号

耐火性能分类	耐火等级代号	耐火性能
隔热防火窗 （A 类）	A0.50（丙级）	耐火隔热性≥0.50 h,且耐火完整性≥0.50 h
	A1.00（乙级）	耐火隔热性≥1.00 h,且耐火完整性≥1.00 h
	A1.50（甲级）	耐火隔热性≥1.50 h,且耐火完整性≥1.50 h
	A2.00	耐火隔热性≥2.00 h,且耐火完整性≥2.00 h
	A3.00	耐火隔热性≥3.00 h,且耐火完整性≥3.00 h
非隔热防火窗 （C 类）	C0.50	耐火完整性≥0.50 h
	C1.00	耐火完整性≥1.00 h
	C1.50	耐火完整性≥1.50 h
	C2.00	耐火完整性≥2.00 h
	C3.00	耐火完整性≥3.00 h

2.1.3   规格型号

防火窗的规格型号表示方法和一般洞口尺寸系列应符合 GB/T 5824—1986 的规定,特殊洞口尺寸一般由生产单位和顾客按需要协商确定。

防火窗的型号编制方法如下:

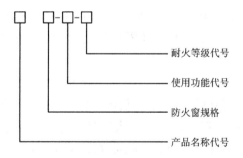

示例 2-1:防火窗的型号为 MFC 0909-D-A1.50(甲级),表示木质防火窗,规格型号为 0909(即洞口标志宽度 900 mm,标志高度 900 mm),使用功能为固定式,耐火等级为 A1.50(甲级)(即耐火隔热性≥1.50 h,且耐火完整性≥1.50 h))。

示例 2-2:防火窗的型号为 GFC 1521-H-C1.50,表示钢质防火窗,规格型号为 1521(即洞口标志宽度 1 500 mm,标志高度 2 100 mm),使用功能为活动式,耐火等级为 C1.50(即耐火完整性时间 ≥ 1.50 h)。

2.1.4　产品组成

固定式防火窗(图 2-1)一般由窗框和防火玻璃组成,窗框可以分为四周边框和内部的横框、竖框,防火玻璃四周通常设置防火膨胀密封件,常见的形状有"田"字形和"日"字形。

活动式防火窗(图 2-2)一般由窗框、窗扇、防火玻璃、防火铰链、防火锁或防火插销和窗扇启闭控制装置等组成,防火玻璃四周通常设置防火膨胀密封件。

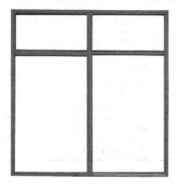

图 2-1　固定式防火窗　　　　　　　图 2-2　活动式防火窗

2.1.4.1　窗框

窗框是防火窗四周的框架和内部的横框、竖框。木质防火窗的窗框一般采用阻燃木材或阻燃木材包覆防火板制成。钢质防火窗的窗框多采用冷轧钢板或冷轧镀锌钢板制成,有的为了保证隔热性,会在窗框设置隔热孔或用防火板等隔热材料做隔断形成断桥。其他材质防火窗的窗框多种多样,可以采用无机防火板复合而成,也可以用无机材料压制而成,有些其他材质非隔热防火窗的窗框还会使用塑钢和断桥铝等新材料。

2.1.4.2　窗扇

活动式防火窗通常会设置一个能够启闭的窗扇,常见于钢质防火窗和其他材质防火窗。窗扇必须具有一定强度,如果着火后变形过大,火焰会从窗扇和窗框的接缝处窜出而丧失完整性。窗扇必须具有关闭可靠性,手动控制窗扇启闭控制装置,开启 / 关闭 100 次后,活动窗扇应能保证灵活开启,并完全关闭,无启闭卡阻现象,各零部件也不能有脱落和损坏现象。在耐火试验开始后 60 s(含 60 s)内窗扇还必须能够及时可靠地自动关闭。

2.1.4.3　防火玻璃

防火玻璃是防火窗最重要的组成部分,防火玻璃的性能直接决定防火窗的性能。

复合防火玻璃(图 2-3)往往会存在气泡、胶合层杂质、划伤、爆边、叠差、裂纹、脱胶等缺陷,单片防火玻璃往往会存在爆边、划伤、结石、裂纹、缺角等缺陷,这些外观质量方面的缺陷数量和严重程度必须符合国家标准《建筑用安全玻璃 第 1 部分:防火玻璃》(GB 15763.1—2009)的相关要求。防火玻璃应具有两大功能:透光和耐火。防火玻璃的可见光透射比与标称值的最大允许偏差不得超过 ±3%,防火玻璃的耐火性能应不低于防火窗的耐火性能要求。此外,复合防火玻璃(图 2-4)还应具有一定的耐热性、耐寒性、耐紫外线辐照性和抗冲击性能,单片防火玻璃也应具有一定的抗冲击性能,而且破碎后仅允许有少量长条碎片存在,其长度不得超过 75 mm,且端部不是刀刃状,延伸至玻璃边缘的长条形碎片与玻璃边缘形成的夹角不得大于 45°。

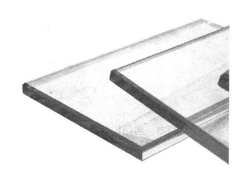

图 2-3　单片防火玻璃

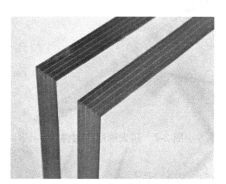

图 2-4　复合防火玻璃

2.1.4.4　防火铰链和自动插销

活动式防火窗应安装防火铰链(图 2-5),受火后防火铰链不能出现熔融现象,应能保证防火窗窗扇在火灾情况下无位移,并处于关闭状态。防火铰链如果出现问题,会导致窗扇变形或出现位移造成缝隙处窜火,严重的窗扇会脱落造成防火窗直接失去完整性。活动式防火窗窗扇一般会安装自动插销(图 2-6)或防火锁,当窗扇自动关闭后,插销或防火锁会自动锁闭,防止窗扇在火焰冲击下变形或打开。

图 2-5　防火铰链

图 2-6　自动插销

2.1.4.5　防火膨胀密封件

防火膨胀密封件(图 2-7)多设置在玻璃四周压条处,活动式防火窗还会设置在窗扇和窗框的搭接处。防火膨胀密封件受热会发泡膨胀,封闭缝隙并隔绝热量,能够很好地阻止火焰和烟气从防火窗可能出现的装配缝隙和使用缝隙处蔓延。

2.1.4.6　启闭控制装置

活动式防火窗应设置窗扇启闭控制装置(图 2-8),窗扇启闭控制装置一般带有易熔合金式或玻璃管式热敏感元件,热敏感元件受热后动作,窗扇会在配套使用的闭窗器的作用下自动关闭,保证窗扇在火灾初期就处于关闭状态,及时阻止火灾蔓延。

图 2-7　防火膨胀密封件

图 2-8　启闭控制装置

2.1.5　工作方式

非隔热防火窗只要求其在规定时间内能满足耐火完整性即可,国家标准《建筑设计防火规范》(GB 50016—2014)中要求"除采用 B1 级保温材料且建筑高度不大于 24 m 的公共建筑或采用 B1 级保温材料且建筑高度不大于 27 m 的住宅建筑外,建筑外墙上门、窗建筑的外墙耐火完整性不应低于 0.50 h"。非隔热防火窗一般采用单片非隔热型防火玻璃,北方地区为了满足建筑节能的需要多采用两层或三层中空玻璃,耐火试验时只要背火面不出现 10 s 以上的连续火焰且不出现超出《防火窗》(GB 16809—2008)要求的贯穿至试验炉内的缝隙即可。

隔热防火窗在规定时间内要同时能够满足耐火隔热性和耐火完整性的要求,一般采用复合隔热型防火玻璃。复合隔热型防火玻璃一般分为复合型和灌注型。复合型是由两层或多层玻璃原片夹杂一层或多层水溶性无机防火胶复合而成,又称夹胶玻璃。当火灾发生时,夹胶玻璃的向火面玻璃层遇高温后发生炸裂,防火胶夹层会相继发泡膨胀并形成乳白色泡状物,泡状物可以有效地阻隔火焰和有害气体的蔓延。灌注型是用特制的阻燃密封胶条将两层或多层玻璃原片四周密封,然后向中间灌注防火液,防火液会固化形成胶状物并与原片玻璃黏结成一体形成防火玻璃,又称灌浆玻璃。当火灾发生时,灌浆玻璃中间固化的防火液层胶状物会迅速发生化学反应,形成不透明的防火隔热层,防火隔热层能够阻止火焰和有害气体蔓延,同时也能起到一定的隔热作用。同时,隔热防火窗的窗框和窗扇里还会填充无机隔热材料,用于满足耐火隔热性的要求。

活动式防火窗一般设有窗扇启闭控制装置,平时用于采光和通风,当火灾发生时,窗扇启闭控制装置的热敏感元件受到高温作用会快速动作,同时窗扇会在闭窗器的作用下自动关闭。活动式防火窗窗框与窗扇的搭接处一般会设置防火膨胀密封件,防火膨胀密封件受热后发泡膨胀将缝隙封闭,从而能够有效地阻隔火焰和烟气蔓延至防火窗背火面。

2.1.6　安装

防火窗安装前必须进行检查,如因运输储存不慎导致窗框、窗扇翘曲、变形、玻璃破损,应修复后方可进行安装。

防火窗安装时,须用水平尺校平或用挂线法校正其前后左右的垂直度,做到横平、竖直、高低一致。窗框必须与建筑物成一整体,采用木件或铁件与墙连接。钢质窗框安装后窗框与墙体之间必须浇灌水泥砂浆,养护 7 d 以上方可正常使用。

五金配件安装孔的位置应准确,使五金配件能安装平整、牢固,达到使用要求。防火玻璃安装时,四边留缝一定要均匀,定位后将四边缝隙用不燃或难燃材料填实、填平,然后封好封边条。

2.1.7　防火窗的现场检查要求及方法

防火窗的现场检查要求及方法可按照国家标准《防火窗》(GB 16809—2008)的相关条款进行,见表 2-2。

表 2-2　防火窗的现场检查要求及方法

检查项目	检查要求	检查方法
一致性检查	防火窗的外形尺寸、材质、耐火等级、结构型式、密封材料种类和设置位置等应与型式试验报告图纸一致	目测、卷尺、游标卡尺,核查检验报告
外观质量	防火窗各连接处的连接及零部件安装应牢固、可靠,不得有松动现象;表面应平整、光滑,不应有毛刺、裂纹、压坑及明显的凹凸、孔洞等缺陷;表面涂刷的漆层应厚度均匀,不应有明显的堆漆、漏漆等缺陷	目测与手试相结合
防火玻璃	防火玻璃应有法定检验机构出具的合格检验报告,其性能应不低于型式检验报告中受检样品所配套使用的产品	核查检验报告
自动关闭性能（活动式防火窗）	窗扇启闭控制装置的热敏感元件在(74 ± 0.5) ℃的温度下1.0 min 内应能动作,窗扇应能够自动关闭	加热窗扇启闭控制装置的热敏感元件,使其周围温度达到(74 ± 0.5) ℃,观察敏感元件是否动作,窗扇是否能够自动关闭

2.2 防火门

2.2.1 产品介绍

防火门是具有一定耐火性能的门,即在一定时间内能满足耐火稳定性、完整性和隔热性要求的门。防火门一般设置在防火分区间、疏散楼梯间、垂直竖井等位置,火灾发生时能够起到阻止火势蔓延和防止烟气扩散的作用,可在一定时间内阻止火势的蔓延,确保人员得到紧急疏散。

防火门在我国的广泛使用始于 20 世纪 80 年代,最初的防火门的结构笨重、功能简单、材料单一。后来随着我国房地产行业的迅猛发展,防火门的市场需求也逐渐多样化,防火门生产企业数量迅速增加,企业规模迅速扩大,为防火门行业的发展带来了空前的活力,防火门品种、质量和外观都有了很大的改善。经过 40 年左右的发展,防火门产业经历了强检、型式认可和强制性认证等几个时代的锤炼,已经日趋成熟,行业规模、产品质量和整体水平都有了质的飞跃。防火门产品的生产和设计应符合相应的国家标准《防火门》(GB 12955—2008)。防火门于 2014 年 9 月 1 日被纳入第三批强制性认证产品(即 CCC 认证产品),目前认证规则为 CNCA—C18—02《强制性产品认证实施规则 火灾防护产品》,认证细则为 CCCF—HZFH—02(A/2)《强制性产品认证实施细则 火灾防护产品 建筑耐火构件产品》,所有的防火门产品必须取得强制性认证证书,才可以销售。

防火门在建筑中的设置和使用在《建筑设计防火规范》(GB 50016—2014)(以下简称《规范》)中都有明确的要求。例如:《规范》的 6.4.10 条规定"疏散走道在防火分区处应设置常开甲级防火门",《规范》的 6.4.14 条规定"防火分区至避难走道入口处应设置防烟前室,前室的使用面积不应小于 6.0 m²,开向前室的门应采用甲级防火门,前室开向避难走道的门应采用乙级防火门"等。

2.2.2 分类和代号

2.2.2.1 分类

防火门按材质分为:钢质防火门(图 2-10)、木质防火门(图 2-11)、钢木质防火门(图 2-12)、其他材质防火门(图 2-13)。

防火门按门扇数量分为:单扇防火门、双扇防火门、多扇防火门。

防火门按结构形式分为:门扇上带防火玻璃的防火门、带亮窗防火门、带玻璃带亮窗防火门、无玻璃防火门、门框单槽口防火门、门框双槽口防火门等。

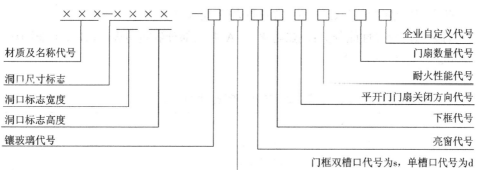

图 2-9　防火门的型号标记示意

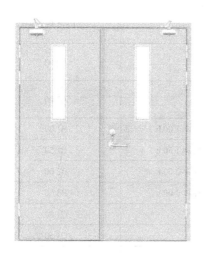

图 2-10　钢质防火门

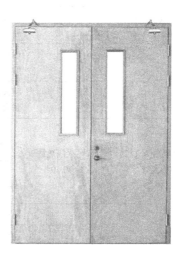

图 2-11　木质防火门

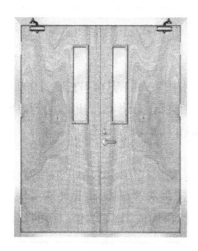

图 2-12　钢木质防火门

图 2-13　其他材质防火门

防火门按平时开启状态分为:常开防火门、常闭防火门。

防火门按耐火性能分类:隔热防火门(A类)、部分隔热防火门(B类)、非隔热防火门(C类),详见表2-3。

表2-3　防火门按耐火性能分类

名　称	耐火性能		代　号
隔热防火门 （A类）	耐火隔热性≥0.50 h 耐火完整性≥0.50 h		A0.50（丙级）
	耐火隔热性≥1.00 h 耐火完整性≥1.00 h		A1.00（乙级）
	耐火隔热性≥1.50 h 耐火完整性≥1.50 h		A1.50（甲级）
	耐火隔热性≥2.00 h 耐火完整性≥2.00 h		A2.00
	耐火隔热性≥3.00 h 耐火完整性≥3.00 h		A3.00
部分隔热防火门 （B类）	耐火隔热性≥ 0.50 h	耐火完整性≥1.00 h	B1.00
		耐火完整性≥1.50 h	B1.50
		耐火完整性≥2.00 h	B2.00
		耐火完整性≥3.00 h	B3.00
非隔热防火门 （C类）	耐火完整性≥1.00 h		C1.00
	耐火完整性≥1.50 h		C1.50
	耐火完整性≥2.00 h		C2.00
	耐火完整性≥3.00 h		C3.00

2.2.2.2　型号标记

防火门的型号标记如下所示。

示例2-3: MFM-0924-bslk5 A2.00-1,表示A类木质防火门,其洞口宽度为900 mm,洞口高度为2 400 mm,门扇镶玻璃、门框双槽口、带亮窗、有下框,门扇顺时针方向关闭,耐火完整性和耐火隔热性的时间均不小于2.00 h的单扇防火门。

2.2.3　主要组成部件

防火门的主要组成部件有:门框、门扇、防火锁、防火门闭门器、防火顺序器、防火铰链、防火插销、防火膨胀密封件等。有的防火门还包括盖缝板、防火玻璃、封窗、防火门镜等部件。门扇一般由面板、防火板和填充材料构成,为了增加门扇的整体强度,还会在门扇内设置横向或纵向骨架。

2.2.3.1　门框

木质防火门门框多采用阻燃木材加工而成,也可通过包覆防火板来增强其耐火性能。钢质防火门的门框多采用冷轧钢板压制成型,有的为了增强门框的隔热效果会在门框上设置隔热孔或防火板。其他材质防火门的门框也可以完全用无机防火板粘和而成或用无机材料整体压制成型。

2.2.3.2　门扇

木质防火门门扇多采用三夹板做面板,阻燃木材做骨架,内填充无机不燃耐火材料,有时为了增强门扇的强度和耐火性能,会在填充材料和骨架单侧或两侧包覆无机防火板。钢质防火门门扇多采用冷轧钢板做面板,由钢板压成的 C 形钢材做骨架,内填充无机不燃耐火材料,有时为了增强门扇强度和耐火性能,也会在填充材料和骨架单侧或两侧包覆无机防火板。其他材质防火门门扇材质多种多样,有的用无机材料整体压制成型,有的用多层无机防火板复合而成,还有的用大尺寸的隔热型防火玻璃制作而成。

2.2.3.3　防火锁

防火门上的防火锁均应具有与防火门等级相匹配的耐火性能,而且必须获得强制性认证证书。在门扇上有锁芯机构处,防火锁均应有执手(图 2-14)或推杠机构(图 2-15),不允许以圆形或球形旋钮代替执手(特殊部位使用除外,如管道井门等)。

图 2-14　执手式防火锁　　　　　　　　　图 2-15　推杠式防火锁

2.2.3.4　防火门闭门器

防火门闭门器(图 2-16)是一种能够自动关闭防火门门扇的闭门装置,应能保证防火门能够及时、可靠地关闭。防火门都应安装防火门闭门器,或设置让常开防火门在火灾发生时能自动关闭门扇的装置(特殊部位使用除外,如管道井门等)。防火门只有安装了闭门器才能及时关闭并起到阻止火灾蔓延的作用,因此防火门闭门器是防火门上必不可少的组成部分。

图 2-16　防火门闭门器

2.2.3.5　防火顺序器

防火顺序器(图 2-17)的作用是使双扇和多扇防火门门扇在发生火灾时按顺序关闭。如果设有盖缝板或止口的双扇门或多扇门的门扇关闭顺序出现问题,就会在门扇的接缝处留有缝隙,火灾时火焰和烟气就会从缝隙蔓延,从而导致防火门失去应有的作用,因此双扇、多扇防火门设置盖缝板或止口均应安装防火顺序器。

图 2-17　防火顺序器

2.2.3.6　防火铰链

防火铰链一般分为旗式铰链(图 2-18)和轴承式铰链(图 2-19),防火门应安装与其耐火等级相匹配的防火铰链。如果防火铰链受火后变形过大或损坏,就会造成防火门门扇与门框的缝隙过大,甚至造成门扇脱落,这样防火门就很难起到防止火焰蔓延的作用。因此,防火铰链在受火后不应出现熔融或明显变形,防火铰链处不应出现窜火现象,还应能够保证防火门门扇与铰链安装处无位移,并处于良好的关闭状态。

图 2-18　旗式防火铰链　　　　　　　　图 2-19　轴承式防火铰链

2.2.3.7　防火插销

防火插销分为暗装式插销(图 2-20)和明装式插销(图 2-21),一般装在双扇或多扇防火门相对固定的门扇上。防火门应安装与其耐火等级相匹配的防火插销,受火后防火插销应无明显变形和熔融现象,防火插销处应无窜火现象,且防火插销应能保证防火门门扇与插销安装处无位移,并处于良好的关闭状态。

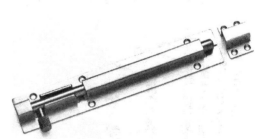

图 2-20　暗装式防火插销　　　　　　　图 2-21　明装式防火插销

2.2.3.8　防火膨胀密封件

防火膨胀密封件(图 2-22 和图 2-23)是一种遇火或高温作用能够膨胀,且能够辅助建筑构配件使之具有隔火、隔烟、隔热等防火密封性能的产品,一般由膨胀体和装饰保护层构成。防火膨胀密封件多设置在防火门门框与门扇接缝处、门扇与门扇的缝隙处、盖缝板处和玻璃压条处。防火膨胀密封件的膨胀体受高温时会发生膨胀,减小或封闭缝隙,从而阻止火焰和烟气从缝隙处窜出,保证防火门的耐火性能。

图 2-22　A 型防火膨胀密封件

图 2-23　B 型防火膨胀密封件

2.2.3.9　防火玻璃

防火玻璃按结构可分为复合防火玻璃(图 2-24)和单片防火玻璃(图 2-25);按耐火性能可分为隔热型防火玻璃和非隔热型防火玻璃。防火门上安装的防火玻璃耐火性能和耐火等级要与防火门本身相符合,并且要具有良好的透光性能。隔热防火门需要安装隔热型防火玻璃,非隔热防火门需要安装非隔热型防火玻璃,而且玻璃的耐火等级不应低于防火门的耐火等级。因为如果防火玻璃先于防火门失去耐火性能,那么防火门就不能发挥应有的作用了。

图 2-24　复合防火玻璃

图 2-25　单片防火玻璃

2.2.3.10　防火门镜

防火门镜(图 2-26)俗称"猫眼",一般由石英玻璃镜片、钢质套筒、钢质面板以及其他部件组成,主要用于从屋内观察屋外环境。为了保证防火门的耐火性能,防火门镜受火时不得出现明显变形或熔融现象,门镜处不得出现窜火现象。

2.2.4　防火门的工作方式

防火门按平时开启状态分为常闭防火门和常开防火门。常闭防火门平时处于关闭状态,人通过时需要用力将防火门推开,当人通过后,门扇会在闭门器和顺序器的作用下自动顺序关闭。常开防火门平时处于开启状态,通常会设置防火门释放装置,通过控制器输出 DC 24V 工作电压给防火门电磁门吸(图 2-27),将门扇吸在设定位置,使防火门处于常开状态,当控制器接收到消防联动信号或烟感探测器信号后,会自动切断电磁门吸的电源,使电磁门吸的电磁铁失去磁性释放门扇,防火门门扇在防火门闭门器和防火顺序器的共同作用下顺序关闭,同时反馈释放动作信号。

图 2-26　防火门镜

图 2-27　电磁门吸

2.2.5　防火门现场检查及判定

防火门现场检查的技术要求、不合格情况及检查方法按照公共安全行业标准《消防产品现场检查判定规则》(GA 588—2012)的相关条款进行。

2.2.5.1　外观质量

外观质量现场检查的技术要求、不合格情况及检查方法见表 2-4。

表 2-4　外观质量现场检查的技术要求、不合格情况及检查方法

技术要求	不合格情况	检查方法
外观应完整,无破损,表面装饰层应均匀、平整、光滑;标志应符合 GB 12955 的规定	外观不完整,有破损,表面装饰层不均匀、平整、光滑;标志不符合 GB 12955 的规定	目测
木质部分割角、拼缝应严实平整,胶合板不允许刨透表层单板	木质部分割角、拼缝不严实平整,胶合板刨透表层单板	
钢质部分表面应平整、光洁,无明显凹痕或机械损伤,焊接应牢固,焊点分布均匀,不应有假焊、烧穿、漏焊等现象	钢质部分表面不平整、光洁,有明显凹痕或机械损伤,焊接不牢固,焊点分布不均匀,有假焊、烧穿、漏焊等现象	

2.2.5.2　规格尺寸

规格尺寸现场检查的技术要求、不合格情况及检查方法见表2-5。

表 2-5　规格尺寸现场检查的技术要求、不合格情况及检查方法

技术要求	不合格情况	检查方法
型号规格应符合型式检验报告所涵盖的产品型号规格	型号规格不符合型式检验报告所涵盖的产品型号规格	用游标卡尺测量门扇厚度、门框侧壁宽度、玻璃厚度,用卷尺测量外形尺寸、玻璃透光尺寸,与型式检验报告相对照
外形尺寸应小于等于型式检验报告中门的外形尺寸	外形尺寸大于相应检验报告中门的外形尺寸	
门扇厚度应与型式检验报告中的门扇厚度相同,其极限偏差符合 GB 12955 的规定	门扇厚度与相应检验报告中的门扇厚度不同,且其极限偏差超出 GB 12955 的规定	
门框侧壁宽度应与型式检验报告中的门框侧壁宽度相同,其极限偏差符合 GB12955 的规定	门框侧壁宽度与型式检验报告中的门框侧壁宽度不同,且其极限偏差超出 GB 12955 的规定	
防火玻璃透光尺寸应小于等于型式检验报告中受检样品相同部位的防火玻璃透光尺寸	防火玻璃透光尺寸大于型式检验报告中受检样品相同部位的防火玻璃透光尺寸	
防火玻璃厚度应与型式检验报告中的防火门所安装防火玻璃的厚度相同,其极限偏差符合 GB 15763.1 的规定	防火玻璃厚度与相应检验报告中的防火门所安装防火玻璃的厚度不同,其极限偏差超出 GB 15763.1 规定	

2.2.5.3　门扇和门框结构及填充材料

门扇和门框结构及填充材料现场检查的技术要求、不合格情况及检查方法见表2-6。

表 2-6　门扇和门框结构及填充材料现场检查的技术要求、不合格情况及检查方法

技术要求	不合格情况	检查方法
门扇和门框结构及填充材料的种类及相应参数应与型式检验报告中受检样品相同	门扇和门框的结构和填充材料的种类及相应参数与型式检验报告中受检样品不同	破拆门扇和门框后,用目测的方法检查门扇内部结构及门扇内部所填充的材料类型、门框结构及门框内填充材料类型,核对是否与型式检验报告中的内容相一致,用游标卡尺测量材料的相应参数

2.2.5.4　防火闭门器、耐火五金附件(防火锁、防火合页、防火顺序器、防火插销等)

防火闭门器、耐火五金附件(防火锁、防火合页、防火顺序器、防火插销等)现场检查的技术要求、不合格情况及检查方法见表2-7。

表 2-7　防火闭门器、耐火五金附件（防火锁、防火合页、防火顺序器、防火插销等）
现场检查的技术要求、不合格情况及检查方法

技术要求	不合格情况	检查方法
应有法定检验机构出具的合格检验报告，其性能应不低于型式检验报告中受检样品所配套使用的产品	无法定检验机构出具的合格检验报告，或其性能低于型式检验报告中受检样品所配套使用的产品	检查防火门上所用防火闭门器、耐火五金附件的检验报告是否是法定检验机构出具的合格检验报告。检查规格型号是否与型式检验报告中受检防火门样品所配套使用的相一致；或对照合格检验报告，核对其性能是否低于型式检验报告中受检样品所配套使用的产品

2.2.5.5　防火玻璃

防火玻璃现场检查的技术要求、不合格情况及检查方法见表 2-8。

表 2-8　防火玻璃现场检查的技术要求、不合格情况及检查方法

技术要求	不合格情况	检查方法
应有法定检验机构出具的合格检验报告，且防火玻璃的耐火性能指标应大于等于该防火门耐火性能的要求	无法定检验机构出具的合格检验报告，或防火玻璃检验报告的耐火性能指标低于该防火门耐火性能的要求	检查防火门上所用防火玻璃的耐火性能检验报告是否是法定检验机构出具的合格检验报告。检查防火玻璃的透光尺寸是否小于等于型式检验报告中受检防火门样品相同部位的防火玻璃透光尺寸

2.2.5.6　防火密封条

防火密封条现场检查的技术要求、不合格情况及检查方法见表 2-9。

表 2-9　防火密封条现场检查的技术要求、不合格情况及检查方法

技术要求	不合格情况	检查方法
防火门应设置防火密封条，密封条应平直、无拱起	防火门未设置防火密封条，或密封条不平直、有拱起	检查防火门上所用防火密封条的检验报告是否是法定检验机构出具的合格检验报告。检查防火密封条是否平直、无拱起。检查防火门所采用防火密封条的耐火性能指标是否大于等于该防火门耐火性能的要求。检查防火密封条的型号规格，是否与型式检验报告中受检防火门样品所配套使用的相一致
应有法定检验机构出具的合格检验报告，且防火密封条的耐火性能指标应大于等于该防火门耐火性能的要求，其型号规格应与型式检验报告中受检样品所配套使用的相一致	没有法定检验机构出具的合格检验报告，或防火密封条的耐火性能指标低于该防火门耐火性能的要求；其型号规格与型式检验报告中受检样品所配套使用的不一致	

2.2.5.7　灵活性

灵活性现场检查的技术要求、不合格情况及检查方法见表 2-10。

表 2-10　灵活性现场检查的技术要求、不合格情况及检查方法

技术要求	不合格情况	检查方法
门扇应开启灵活,无卡阻现象	门扇开启不灵活,有卡阻现象	检查门扇开启是否灵活,有无卡阻现象

2.2.5.8　可靠性

可靠性现场检查的技术要求、不合格情况及检查方法见表 2-11。

表 2-11　可靠性现场检查的技术要求、不合格情况及检查方法

技术要求	不合格情况	检查方法
防火门各部位应牢固,无严重变形,能可靠关闭	防火门有松动、脱落及严重变形现象,不能可靠关闭	检查防火门各部位是否牢固,是否有严重变形,能否可靠关闭

2.3　防火锁

2.3.1　产品介绍

防火锁是一种安装在防火门上具有一定耐火性能的锁。防火锁一般由锁体、锁芯、方舌和/或斜舌、执手、面板、钥匙等部件组成,主要部件材料一般采用铁、钢或不锈钢。防火锁除了具备一般锁具的性能和功能外,还应具备一定的耐火性能。防火锁的耐火时间应不小于其安装使用的防火门耐火时间,耐火试验过程中,防火锁应无明显变形和熔融现象,防火锁应无窜火现象。

国家标准《防火门》(GB 12955—2008)第 5.3.1 条规定:"5.3.1.1 防火门安装的门锁应是防火锁。5.3.1.2 在门扇的有锁芯机构处,防火锁均应有执手或推杠机构,不允许以圆形或球形旋钮代替执手(特殊部位使用除外,如管道井门等)。5.3.1.3 防火锁应经国家认可授权检测机构检验合格,其耐火性能应符合附录 A 的规定。"

防火锁是第三批强制性认证产品(即 3C 认证产品),本身没有对应的产品标准,也没有明确的定义,无论是带执手还是带推钢机构的锁具,只要能够安装在防火门上,且其性能能够满足国家标准《防火门》(GB12955—2008)附录 A《防火锁的要求和试验方法》的规定,都可以认为是防火锁。防火锁的牢固度、灵活度和外观质量应符合轻工行业标准 QB/T 2474 的相关规定。

国家标准《推闩式逃生门锁通用技术要求》(GB 30051—2013)于 2013 年 12 月 17 日发布,2014 年 11 月 1 日实施。本标准适用于安装在疏散门上的推闩式逃生门锁。推闩式逃生门锁是指安装在疏散门逃生方向一侧,通过人力推压门闩方式实现

逃生方向开启功能的锁具,包括推闩式机械逃生门锁、推闩式联动报警逃生门锁和推闩式非联动报警逃生门锁。目前推闩式逃生门锁尚未纳入 3C 认证产品目录,如果要将该产品应用在防火门上,仍需要按照国家标准《防火门》(GB 12955—2008)附录 A 进行型式试验,并取得 3C 认证证书。

2.3.2 分类

防火锁按锁头分为:单锁头、双锁头。

防火锁按锁舌分为:单方舌(图 2-28)、单斜舌(图 2-29)、双锁舌(图 2-30)。

防火锁其他分类:推杠式(图 2-31)、单开锁、天地锁、双头等。

图 2-28 单方舌防火锁

图 2-29 单斜舌防火锁

图 2-30 双锁舌防火锁

图 2-31 推杠式防火锁

2.3.3 防火锁的性能要求

2.3.3.1 牢固度

1）方舌端面静载荷试验

将锁安装在试验夹具上，使方舌处于伸出状态，在方舌的端面中心部位施加 1 000 N 静荷载，保持 30 s。卸载后，检查方舌动作是否正常。如果仍能正常使用，则该项合格。

2）方舌侧向静载荷试验

将锁安装在试验夹具上，使方舌处于伸出状态，在方舌的侧面距面板 3 mm 处施加 1 500 N 静荷载，保持 30 s。卸载后，检查方舌动作是否正常。如果仍能正常使用，则该项合格。

3）斜舌侧向静载荷试验

将锁安装在试验夹具上，使斜舌处于伸出状态，在斜舌的侧面距面板 3 mm 处施加 1 000 N 静荷载，保持 30 s。卸载后，检查斜舌动作是否正常。如果仍能正常使用，则该项合格。

4）钩舌静拉力试验

将锁安装在试验夹具上，使钩舌处于伸出状态，在钩舌上逐步加力达到 800 N 静拉力。卸载后，检查钩舌动作是否正常。如果仍能正常使用，则该项合格。

5）锁头与锁体连接牢固试验

将锁安装在试验夹具上，将锁头旋入锁体，观察锁头与锁体螺纹配合旋入是否顺利。然后用拉力试验机逐步加力达到 500 N 静拉力，检查螺纹是否滑牙。如果旋入顺利，且螺纹无滑牙，则该项合格。

6）执手扭矩试验

将锁安装在试验夹具上，对执手施加 5 N 的静拉力，保持 30 s。卸载后，检查执手是否变形及动作是否正常。如果执手未变形且仍能正常使用，则该项合格。

7）执手径向静荷载试验

将锁安装在试验夹具上，沿径向施加 1 000 N 静荷载，保持 30 s。卸载后，检查执手是否变形及动作是否正常。如果执手未变形且仍能正常使用，则该项合格。

8）执手轴向静拉力试验

将锁安装在试验夹具上，沿轴向施加 1 000 N 静拉力，保持 30 s。卸载后，检查执手是否变形及动作是否正常。如果执手未变形且仍能正常使用，则该项合格。

9）锁铆接件无松动试验

用手感检测锁的各种铆接件是否松动。如果无松动，则该项合格。

10）方舌、钩舌使用寿命试验

将锁安装在模拟门或试验台上，用执手以不小于 10 次 /min 的频率重复开、关方舌、钩舌达到 50 000 次后，检查是否能够正常使用。如果仍能正常使用，则该项合格。

11）方舌、钩舌使用寿命试验

将锁安装在模拟门或试验台上，用执手以不小于 10 次 /min 的频率往复开、关斜舌达到 100 000 次后，检查是否能够正常使用。如果仍能正常使用，则该项合格。

2.3.3.2　灵活度

1）钥匙拔出静拉力试验

将锁具通过夹具安装在钥匙插拔力测试仪上，校正钥匙和锁芯的插拔位置，然后测试，看示数器示值（允许重复 3 次，以一次合适为准）。单排弹子锁的钥匙拔出静拉力应≤ 8 N，多排弹子锁的钥匙拔出静拉力应≤ 14 N。

2）斜舌开启灵活试验

用手感检测斜舌开启是否灵活。

3）斜舌轴向静载荷试验

将锁具通过夹具安装在锁舌轴向测力机上，逐步对锁舌顶端中部加压力，直至锁舌被压至离锁体平面规定位置处，看示数器示值，示值应介于 3~12 N 之间。

4）斜舌闭合力试验

把锁体和锁扣盒（板）通过夹具安装在测试机上，锁体和锁扣盒（板）安装间隙应为 2.5 ± 0.5 mm，在二者未接触状态处开始逐步加力，将锁舌压入锁扣盒（板）内，看示数器示值，示值应不大于 50 N。

5）钥匙、旋钮开启灵活，单锁头开启试验

用手感检测通过钥匙或旋钮开启锁舌是否灵活，单锁头在旋进锁体两面时能否正常开启。

6）执手转动灵活试验

用手感检测执手装入锁体后转动是否灵活。

7）锁体内活动部位加润滑剂试验

用目测（必要时拆卸）进行观察锁体内活动部位是否加润滑剂。

2.3.3.3　外观质量

1）表面粗糙度试验

用表面粗糙度比较样块对照进行试验。抛光件表面粗糙度 Ra 不大于 0.8 μm；砂光件表面粗糙度 Ra 不大于 6.3 μm；机加工件表面粗糙度 Ra 不大于 12.5 μm。

2）锁头外观试验

目测锁头应平整光洁，用角度尺测量以锁芯槽为基准，与商标歪斜角度应不大于 30°。

3）钥匙外观试验

目测钥匙应平整光洁,商标清晰、端正。

4）面板外观试验

目测面板应平整光洁,商标清晰、端正,不得有明显的铆接痕迹。

5）锁舌缩回后舌端面伸出高度试验

锁舌缩回后,用 0~125 mm 游标卡尺（刻度值 0.02 mm）测量锁舌端与锁舌扣平面之间的距离。方舌顶端应与面板相平,高出面板不超过 1 mm,斜舌高出或低于面板不超过 0.5 mm。

6）涂漆件外观试验

目测涂漆件表面色泽应均匀,不得有气泡、挂漆和脱漆。

7）电镀件外观试验

目测电镀件表面色泽应均匀,不得有起壳、气泡和露底。

8）有机涂层铅笔硬度试验

按 GB/T 6739 进行有机涂层铅笔硬度试验,其有机涂层铅笔硬度应达到 2 H。

9）涂漆件漆膜附着力试验

第 29 组按 GB/T 1720—1979 进行涂漆件漆膜附着力试验,涂漆件漆膜附着力应达到 3 级。

10）金属外露表面电沉积层耐腐蚀试验

按 QB/T 3826 进行试验,评价方法按 QB/T 3832 进行。金属外露表面电沉积层耐腐蚀性能应符合表 2-12 的规定。

表 2-12　金属耐腐蚀性能

序号	基体金属	电沉积层种类	试验时间 /h	评定级别	
				基体耐腐蚀	镀层腐蚀性
1	钢	镀锌钝彩	24	6	6
2		镀锌钝白	6	4	—
3		镀铜＋镍	8	4	—
4		镀铜＋镍＋铬	24	6	—
5		镀仿金	24	6	—
6		镀古铜	24	6	—
7	铜	镀镍＋铬	24	6	—
8		镀仿金	24	6	—
9		镀古铜	24	6	—

序号	基体金属	电沉积层种类	试验时间 /h	评定级别	
				基体耐腐蚀	镀层腐蚀性
10		镀锌钝彩	24	6	6
11		镀铜＋镍	8	4	—
12	锌合金	镀铜＋镍＋铬	24	6	—
13		镀仿金	24	6	—
14		镀古铜	24	6	—

注:铜基体抛光清漆封闭要求与序号 8 一致

2.3.3.4　耐火性能

将防火锁按实际使用情况安装在防火门上,按 GB/T 7633 规定的升温和炉压条件进行耐火试验,防火锁的耐火时间应不小于其安装使用的防火门耐火时间。耐火试验过程中,防火锁应无明显变形和熔融现象,防火锁应无窜火现象,且防火锁应能保证防火门门扇处于关闭状态。

2.4　防火门闭门器

2.4.1　产品介绍

防火门闭门器是一种安装在防火门上使用的无定位闭门装置。当防火门开启后,防火门闭门器能通过其液压部件压缩后释放,将防火门自动、准确、及时、可靠地关闭到初始位置,从而使防火门能够实现阻止火灾蔓延的作用,保证人员安全疏散,因此防火门闭门器是防火门的一个不可或缺的重要部件。

现代意义的液压闭门器诞生于 20 世纪初的美国,主要是通过控制封闭空间内液体的流动来实现对门关闭过程的控制。在我国,防火门闭门器从 20 世纪 80 年代开始逐步应用于防火门上, 1988 年我国发布并实施了国家标准《闭门器》(GB 9305—1988),为闭门器的生产和发展提供了依据。防火门上使用的闭门器在常温下和高温下都要保证其性能的可靠性,因此 1995 年公安部发布并实施了行业标准《防火门用闭门器试验方法》(GA 93—1995),对防火门闭门器在高温下的使用性能做相应规定。目前,正在实施的闭门器相关标准有轻工行业标准《闭门器》(QB/T 2698—2005)和公共安全行业标准《防火门闭门器》(GA 93—2004)。

2.4.2 工作原理

防火门闭门器(以下简称闭门器)一般由导向件、壳体、传动齿轮、复位弹簧、齿条柱塞、液压油、单向阀、节流阀、密封圈、连杆等部件组成。当防火门开启时,门扇带动连杆动作,通过传动齿轮转动,带动齿条柱塞右移,使弹簧和右腔的液压油受压。单向阀在右腔液压油压力的作用下开启,液压油通过单向阀流入左腔。此时,弹簧在开启过程中受压积蓄了弹性势能,随着弹簧弹性势能释放,齿条柱塞左移,带动传动齿轮和闭门器连杆转动,将防火门关闭。虽然不同企业生产的闭门器在结构、尺寸和外形上有所不同,但基本原理大致相同。

2.4.3 术语和定义

最大关闭时间:完全关闭闭门器调速阀,门扇开启 70°,其自行关闭所需的时间为最大关闭时间。

最小关闭时间:完全打开闭门器调速阀,门扇开启 70°,其自行关闭所需的时间为最小关闭时间。

2.4.4 分类

闭门器按安装形式分为:平行安装式(图 2-32)和垂直安装式(2-33)。

闭门器按使用寿命分为:一级品(使用寿命≥30 万次),二级品(使用寿命≥20 万次),三级品(使用寿命≥10 万次)。

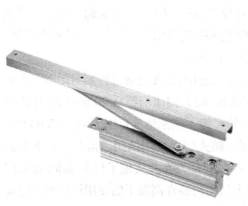 

图 2-32 平行安装式防火门闭门器　　图 2-33 垂直安装式防火门闭门器

2.4.5 规格

防火门闭门器规格见表 2-13。

表 2-13　防火门闭门器规格

规格代号	开启力矩 /（N·m）	关闭力矩 /（N·m）	适用门扇质量 /kg	适用门扇最大宽度 /mm
2	≤ 25	≥ 10	25~45	830
3	≤ 45	≥ 15	40~65	930
4	≤ 80	≥ 25	60~85	1 030
5	≤ 100	≥ 35	80~120	1 130
6	≤ 120	≥ 45	110~150	1 330

2.4.6　防火门闭门器标记

防火门闭门器标记示意如图 2-34 所示。

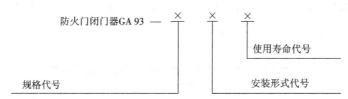

图 2-34　防火门闭门器标记示意

示例 2-4: 防火门闭门器 GA 93-3P Ⅲ。表示符合 GA 93 要求的防火门闭门器，适用门扇质量为 40~65 kg,平行安装,使用寿命不低于 10 万次。

示例 2-5: 防火门闭门器 GA 93-4C Ⅰ 。表示符合 GA 93 要求的防火门闭门器，适用门扇质量为 60~85 kg,垂直安装,使用寿命不低于 30 万次。

2.4.7　安装

根据闭门器结构的不同可以选择不同的安装方式。闭门器根据安装位置的不同可以分为外露式安装和隐藏式安装,平行安装时闭门器的连接杆与门扇平行,垂直安装时闭门器的连接杆与门扇垂直。根据连接杆与门扇的角度的不同可以分为平行安装和垂直安装,外露式安装一般将闭门器安装在门扇面板上,隐藏式安装一般将闭门器镶嵌在门扇中。闭门器可以根据门扇的开启角度选择安装位置,根据防火门关闭所需的时间进行调速,标准规定闭门器的最大关闭时间不应大于 3 s,最小关闭时间不应小于 20 s。

2.4.8　防火门闭门器的性能要求

国家标准 GA 93—2004 规定防火门闭门器的性能要求包括常规性能、防火门闭门器使用寿命及使用寿命试验后的性能和防火门闭门器在高温下的性能。常规性能包括:外观、常温下的运转性能、常温下的开启力矩、常温下的最大关闭时间、常温下的最小关闭时间、常温下的关闭力矩和常温下的闭门复位偏差。防火门闭门器使用寿命及使用寿命试验后的性能包括:使用寿命、使用寿命试验后的运转性能、使用寿命试验后的开启力矩、使用寿命试验后的最大关闭时间、使用寿命试验后的最小关闭时间、使用寿命试验后的关闭力矩和使用寿命试验后的闭门复位偏差。防火门闭门器在高温下的性能包括:高温下的开启力矩、高温下的最大关闭时间、高温下的最小关闭时间、高温下的关闭力矩、高温下的闭门复位偏差和高温下的完好性。

2.4.9　防火门闭门器的现场检查及判定

防火门闭门器的运转性能、开启力矩、最大关闭时间、最小关闭时间、关闭力矩、闭门复位偏差等性能检测均需要闭门器力学性能试验装置和闭门器启闭寿命试验装置,由于现场检查条件的限制,检查人员只能对闭门器的外观、规格尺寸和常温下的运转性能3项进行检查,详见表2-14。

表2-14　防火门闭门器现场检查要求、方法及判定

检查项目	检查要求	检查方法	判定准则
外观	外形完整、图案清晰。涂层均匀、牢固,不得有流挂、堆漆、露底、起泡等缺陷。镀层致密、均匀,表面无明显色差,不得有露底、泛黄、烧焦等缺陷。在产品的规定位置应有产品铭牌标志、质量检验合格标志和CCC认证标志等	目测	按照国家标准GA 93—2004对检查项目各项的要求进行判定
规格尺寸	规格尺寸应与型式检验报告图纸尺寸一致	用游标卡尺、钢卷尺测量	
常温下的运转性能	使用时运转应平稳、灵活。其贮油部件不应有渗漏油现象	目测和手感	

2.5　防火玻璃

2.5.1　产品介绍

防火玻璃是一种能够满足规定耐火性能要求的特种玻璃。防火玻璃的耐火性能分为:耐火完整性和耐火隔热性。耐火完整性是指在标准耐火试验条件下,玻璃构件当其一面受火时,能在一定时间内防止火焰和热气穿透或在背火面出现火焰的能力。耐火隔热性是指在标准耐火试验条件下,玻璃构件当其一面受火时,能在一定时间内使背火面温度不超过规定值的能力。不同类型的防火玻璃有着不同耐火性能要求,隔热型防火玻璃需要同时满足耐火完整性和耐火隔热性两项要求,而非隔热型防火

玻璃则仅需要满足耐火完整性的要求。

　　防火玻璃于 20 世纪 70 年代出现于欧洲，20 世纪 80 年代开始在我国生产。最初，我国只能生产隔热型防火玻璃，且其面积小、价格高、质量不稳定，只能用在防火门视窗位置。20 世纪 90 年代初，我国研制成功了单块大面积防火玻璃，并开始广泛应用于防火玻璃非承重隔墙和防火窗等产品。2000 年后，我国研发出了单片防火玻璃，并开始大量投放市场。目前，随着防火玻璃技术的成熟和生产加工工艺的改进，防火玻璃的种类丰富、尺寸多样，耐火性能以及耐火稳定性都得到了极大的改善。防火玻璃既具有普通玻璃的透明光亮效果，又兼具防火功能，已经广泛应用在写字楼、商场、博物馆、体育馆、剧院、机场等各种场所。在消防领域，防火门、防火窗、防火玻璃非承重隔墙、挡烟垂壁和镶玻璃构件等消防产品都会大量采用防火玻璃。

　　我国于 1995 年制定了国家标准《防火玻璃》（GB 15763-1995）来规定防火玻璃的产品分类、技术要求、检验方法、检验规则及标志、包装、运输、贮存等要求。该标准经过 2001 年和 2009 年两次修订，目前的有效版本是国家标准《建筑用安全玻璃 第1 部分：防火玻璃》（GB 15763.1—2009）。防火玻璃中的隔热型防火玻璃于 2014 年被纳入强制性认证产品目录，成为强制性认证产品。

2.5.2　分类

2.5.2.1　按结构分类

　　防火玻璃按结构可以分为复合防火玻璃（图 2-35）和单片防火玻璃（图 2-36）。复合防火玻璃是指由两层或两层以上玻璃复合而成或由一层玻璃和有机材料复合而成，并满足相应耐火性能要求的特种玻璃，表示为 FFB。单片防火玻璃是指由单层玻璃构成，并满足相应耐火性能要求的特种玻璃，表示为 DFB。

图 2-35　复合防火玻璃（FFB）

图 2-36　单片防火玻璃（DFB）

2.5.2.2　按耐火性能分类

防火玻璃按耐火性能可分为隔热型防火玻璃和非隔热型防火玻璃。隔热型防火玻璃是指耐火性能同时满足耐火完整性、耐火隔热性要求的防火玻璃,又称 A 类防火玻璃。非隔热型防火玻璃是指耐火性能仅满足耐火完整性要求的防火玻璃,又称 C 类防火玻璃。

2.5.2.3　其他分类

按照材料或工艺等进行分类,防火玻璃还可以分为铯钾防火玻璃、硼硅防火玻璃、微晶防火玻璃、夹层型防火玻璃、灌注型防火玻璃、夹丝防火玻璃和中空防火玻璃等。

2.5.3　防火玻璃标记

防火玻璃标记示意如图 2-37 所示。

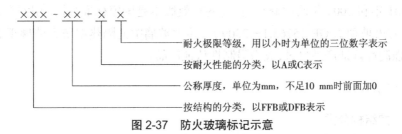

图 2-37　防火玻璃标记示意

示例 2-6:防火玻璃标记为 FFB-30-A1.50,表示公称厚度为 30 mm、耐火性能为隔热类(A 类),耐火等级为 1.50 h 的复合防火玻璃。

示例 2-7:防火玻璃标记为 DFB-12-C1.00,表示公称厚度为 12 mm、耐火性能为非隔热类(C 类),耐火等级为 1.00 h 的单片防火玻璃。

2.5.4　防火原理

复合型防火玻璃常见的有夹层型复合防火玻璃和灌注型复合防火玻璃,一般都是隔热型防火玻璃,需要同时满足耐火完整性和耐火隔热性。夹层型复合防火玻璃通常由两层或多层玻璃原片附之一层或多层无机防火胶夹层复合而成。当火灾发生时,向火面玻璃遇到高温后会很快炸裂,防火胶夹层会相继发泡膨胀达到 10 倍左右,在大量吸收火焰燃烧热量的同时形成乳白色不透明的多孔结构防火胶板,既可以有效阻隔高温,又可以有效隔绝火焰和有害烟气。灌注型复合防火玻璃是由两层玻璃原片(特殊情况也可用三层玻璃原片组成),四周用特制阻燃胶条密封后,在其中间灌注防火胶液,防火胶液经固化成为透明胶冻状并与玻璃粘结成一体。当火灾发生时,向火面玻璃遇高温后很快炸裂,中间透明胶冻状的无机防火胶层会迅速硬结,形成一张白色不透明防火隔热板,并大量吸收火焰燃烧热量。在阻止火焰蔓延的同时,也能阻止高温向背火面传导。

单片防火玻璃常见的有铯钾防火玻璃和硼硅防火玻璃,一般都是非隔热型防火玻璃,仅需要满足耐火完整性。铯钾防火玻璃由普通浮法玻璃经过特殊的化学处理和物理钢化处理制作而成。化学处理的作用是在玻璃表面作离子交换,使玻璃表层的金属钠离子被熔盐中的其他碱性金属离子置换,从而降低其膨胀系数,提高热稳定性。化学处理后再通过物理钢化处理增加玻璃的抗压强度,增强其抗热冲击的能力,从而增强玻璃的耐火性能。硼硅防火玻璃是指三氧化二硼含量大于 8% 的防火玻璃,一般先通过浮法工艺生产出原片玻璃,然后再通过物理钢化处理加工而成。硼硅防火玻璃具有非常低的热膨胀系数,约是普通玻璃的三分之一,这大大减少了其因温度梯度应力造成的影响,从而具有很强的抗断裂性能。另外,硼硅防火玻璃还具有高软化点(821 ℃),极好的抗热冲击性和黏性特质。因此,当火灾发生时硼硅防火玻璃不易膨胀碎裂,且拥有良好的热稳定性,其耐火极限往往可高达 3 h 以上。

2.5.5　防火玻璃性能要求

国家标准《建筑用安全玻璃 第 1 部分:防火玻璃》(GB 15763.1—2009)规定防火玻璃需满足的性能要求有:尺寸厚度允许偏差、外观质量、耐火性能、弯曲度、可见光透射比、耐热性能、耐寒性能、耐紫外线辐照性、抗冲击性能、碎片状态等。其中复合防火玻璃需满足的性能有:尺寸厚度允许偏差、外观质量、耐火性能、弯曲度、可见光透射比、耐热性能、耐寒性能、耐紫外线辐照性、抗冲击性能。单片防火玻璃需满足的性能有:尺寸厚度允许偏差、外观质量、耐火性能、弯曲度、可见光透射比、抗冲击性能、碎片状态。当复合防火玻璃的耐紫外线辐照性不满足标准要求时,不得用在建筑中有采光要求的场合。

2.5.6　防火玻璃的现场检查及判定

防火玻璃的现场检查的技术要求、不合格情况及检查方法按照公共安全行业标准《消防产品现场检查判定规则》(GA 588—2012)的相关条款进行。

2.5.6.1　玻璃厚度

1)复合防火玻璃厚度允许偏差

复合防火玻璃厚度允许偏差现场检查的技术要求、不合格情况及检查方法见表 2-15。

表 2-15   复合防火玻璃厚度允许偏差现场检查的技术要求、不合格情况及检查方法

技术要求		不合格情况	检查方法
玻璃的总厚度(d)5 mm ≤ d < 11 mm	厚度允许偏差 ±1.0 mm	厚度超出偏差	用千分尺或与此同等精度的器具测量玻璃四边中点,测量结果以四点平均值表示,数值精确到 0.1 mm
玻璃的总厚度(d)11 mm ≤ d < 17 mm	厚度允许偏差 ±1.0 mm	厚度超出偏差	
玻璃的总厚度(d)17 mm ≤ d < 35 mm	厚度允许偏差 ±1.5 mm	厚度超出偏差	
玻璃的总厚度(d) d ≥ 35 mm	厚度允许偏差 ±2.0 mm	厚度超出偏差	

2)单片防火玻璃厚度允许偏差

单片防火玻璃厚度允许偏差现场检查的技术要求、不合格情况及检查方法见表 2-16。

表 2-16   单片防火玻璃厚度允许偏差现场检查的技术要求、不合格情况及检查方法

技术要求		不合格情况	检查方法
玻璃厚度 5 mm、6 mm	厚度允许偏差 ±0.2 mm	厚度超出偏差	用千分尺或与此同等精度的器具测量玻璃四边各中点,测量结果以四点平均值表示,数值精确到 0.1 mm
玻璃厚度 8 mm、10 mm、12 mm	厚度允许偏差 ±0.3 mm	厚度超出偏差	
玻璃厚度 15 mm	厚度允许偏差 ±0.5 mm	厚度超出偏差	
玻璃厚度 19 mm	厚度允许偏差 ±0.7 mm	厚度超出偏差	

2.5.6.2   外观质量

1)复合防火玻璃外观质量

复合防火玻璃外观质量(周边 15 mm 范围不作要求)现场检查的技术要求、不合格情况及检查方法见表 2-17。

表 2-17   复合防火玻璃外观质量现场检查的技术要求、不合格情况及检查方法

	技术要求	不合格情况	检查方法
气泡	直径 300 mm 的圆内允许长 0.5~1.0 mm 的气泡 1 个	直径 300 mm 的圆内长 0.5~1.0 mm 的气泡多于 1 个	在良好的自然光及散射光照条件下,在距玻璃的正面 600 mm 处进行目视检查。缺陷的尺寸以能清楚观察到的最大边缘为限。采用分度值为 1 mm 的金属直尺和 / 或最小分度值为 0.01 mm 的读数显微镜测量缺陷的尺寸
胶合层杂质	直径 500 mm 的圆内允许长 2.0 mm 以下的杂质 2 个	直径 500 mm 的圆内长 2.0 mm 以下的杂质多于 2 个	
裂痕	不应存在裂痕	存在裂痕	
爆边	每米边长允许有长度不超过 20 mm、自边部向玻璃表面延伸深度不超过厚度一半的爆边 4 个	每米边长有长度超过 20 mm、自边部向玻璃表面延伸深度不超过厚度一半的爆边大于 4 个	
叠差、裂纹、脱胶	脱胶、裂纹不允许存在,总叠差不应大于 3 mm	存在脱胶、裂纹,总叠差大于 3 mm	

2）单片防火玻璃外观质量

单片防火玻璃外观质量现场检查的技术要求、不合格情况及检查方法见表2-18。

表 2-18　单片防火玻璃外观质量现场检查的技术要求、不合格情况及检查方法

	技术要求	不合格情况	检查方法
爆边	不应存在裂痕	存在裂痕	在良好的自然光及散射光照条件下，在距玻璃的正面600 mm 处进行目视检查。缺陷的尺寸以能清楚观察到的最大边缘为限。采用分度值为 1 mm 的金属直尺和 / 或最小分度值为 0.01 mm 的读数显微镜测量缺陷的尺寸
划伤	宽度 ≤ 0.1 mm，长度 ≤ 50 mm 的轻微划伤，每平方米面积内不超过 4 条	宽度 ≤ 0.1 mm，长度 ≤ 50 mm 的轻微划伤，每平方米面积内超过 4 条	
	0.1 mm ＜宽度 ≤ 0.5 mm，长度 ≤ 50 mm 的轻微划伤，每平方米面积内不超过 1 条	0.1 mm ＜宽度 ≤ 0.5 mm，长度 ≤ 50 mm 的轻微划伤，每平方米面积内超过 1 条	
结石、裂纹、缺角	不应存在结石、裂纹、缺角	存在结石、裂纹、缺角	

2.5.6.3　弯曲度

防火玻璃弯曲度现场检查的技术要求、不合格情况及检查方法见表2-19。

表 2-19　防火玻璃弯曲度现场检查的技术要求、不合格情况及检查方法

技术要求	不合格情况	检查方法
弓形弯曲度不应超过 0.3 %	弓形弯曲度超过 0.3 %	将玻璃垂直立放，水平放置直尺贴紧试样表面进行测量，弓形时以弧的高度与弦的长度之比的百分率表示；波形时，用波谷到波峰的高与波峰到波峰（或波谷到波谷）的距离之比的百分率表示
波形弯曲度不应超过 0.2 %	波形弯曲度超过 0.2 %	

2.6　防火玻璃非承重隔墙

2.6.1　产品介绍

防火玻璃非承重隔墙（图 2-38）是指由防火玻璃、镶嵌框架和防火密封材料组成，在一定时间内，满足耐火稳定性、完整性和隔热性要求的非承重隔墙，主要用于工业与民用建筑中。

传统的非承重隔墙采用的材料主要有：纤维增强水泥空心墙板、钢丝网架夹芯板、聚苯乙烯复合轻质墙板、珍珠岩复合板、砌块类材料、植物纤维复合板、各种板材（石膏板、硅酸钙板、防火板等）配以轻钢龙骨组合墙板、轻质混凝土墙板、彩钢夹芯

板等。传统的非承重隔墙虽然能满足耐火性能的要求,但本身不透明。随着人们对采光要求的提高,传统的非承重隔墙安装完后,很多都需进行二次装修,为了达到采光要求,人们往往会在隔墙上开设窗口,这不仅破坏了原有的结构,影响耐火性能,而且施工复杂,造成浪费。随着消防技术特别是防火玻璃技术的发展,人们设计出了防火玻璃非承重隔墙,这种新式隔墙不仅能满足耐火性能要求,而且本身透明,采光好,一次安装完成后,不需要进行二次装修,能够更好地满足用户的需求。

目前,防火玻璃非承重隔墙已纳入强制性认证产品目录,属于 CCC 认证产品,其生产和设计依据公共安全行业标准《防火玻璃非承重隔墙通用技术条件》(GA 97—1995)。

图 2-38　防火玻璃非承重隔墙

2.6.2　分类

其按框架材料可分为钢框结构防火玻璃隔墙(简称 G 类隔墙)和木框结构防火玻璃隔墙(简称 M 类隔墙)。

其按耐火等级分为:Ⅰ级、Ⅱ级、Ⅲ级、Ⅳ级,见表 2-20。

表 2-20　防火玻璃隔墙耐火性能等级划分

耐火等级	Ⅰ级	Ⅱ级	Ⅲ级	Ⅳ级
耐火极限 /h	1.00	0.75	0.50	0.25

2.6.3　标记

防火玻璃非承重隔墙标记示意图如图 2-39 所示。

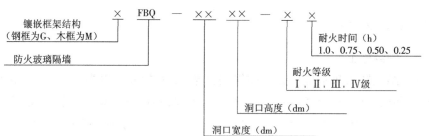

图 2-39　防火玻璃非承重隔墙标记示意

示例 2-8：防火玻璃非承重隔墙标记为 GFBQ-3035-Ⅰ-1.0，表示洞口标志宽度为 3 000 mm，标志高度为 3 500 mm，耐火等级为Ⅰ级的钢框结构防火玻璃隔墙。

示例 2-9：防火玻璃非承重隔墙标记为 MFBQ-3028-Ⅱ-0.75，表示洞口标志宽度为 3 000 mm，标志高度为 2 800 mm，耐火等级为Ⅱ级的木框结构防火玻璃隔墙。

2.6.4　组成

防火玻璃非承重隔墙主要由防火玻璃、玻璃压条、镶嵌框架及框架内填充材料和防火密封材料构成，相互之间连接固定采用焊接、螺栓连接或榫接等方式，在接缝处填充防火密封材料，并用防火密封胶密封。

钢框架一般由方管钢、压型钢板组成，通过焊接或螺栓连接等方式连接固定而成，并配以无机隔热耐火材料，以保证框架在受火时不会产生严重变形。钢框架与压条的选材标准应符合《钢结构施工验收规范》（GBJ 205）（后简称 GBJ 205）的规定。木框架应采用经过干燥处理的成材木料制作，其含水率不宜大于 12% 或不应大于使用当地的平衡含水率，木材之间通过榫接或五金件连接方式固定成形，木材可以通过阻燃浸泡处理或在其上设置无机隔热耐火材料来保护木框架满足耐火性能要求。木框架与压条的选材标准应符合《木结构施工验收规范》（GBJ 206）（后简称 GBJ 206）的规定。

防火玻璃非承重隔墙有耐火隔热性的要求，所以其采用的防火玻璃应为国家标准《建筑用安全玻璃 第 1 部分：防火玻璃》（GB 15763.1—2009）中规定的 A 类防火玻璃，且防火玻璃耐火极限应不低于防火玻璃非承重隔墙的耐火等级要求。防火玻璃应按照设计要求制作成相应的尺寸安装在防火玻璃非承重隔墙的镶嵌框架上，防火玻璃与镶嵌框架的固定主要采用玻璃压条来实现，玻璃压条与镶嵌框架之间的连接方式主要采用焊接或采用螺栓（螺钉）连接。防火玻璃与框架和玻璃压条之间存在一定的缝隙，缝隙处可以填充防火棉、防火膨胀密封条、防火密封胶等防火密封材料，这样既可以为隔墙各部件受热变形留有空间，降低变形应力约束，又可以将缝隙密封阻止火焰蔓延。

2.6.5　安装及维护

2.6.5.1　安装施工

钢框结构防火玻璃隔墙是钢质镶嵌框架,金属加固件铆焊处应牢固,不得有假焊、断裂和松动现象,焊缝表面应光滑平整,不允许有气孔、夹渣和漏焊,框架表面应平整,不得有毛刺及明显锤痕等外观缺陷,在喷涂防锈漆前,应除油除锈,漆层应均匀、光滑,不得有明显的堆漆、漏漆、剥落等缺陷,螺栓连接处应牢固,不得有松动现象。钢框架的制作与安装应符合 GBJ 205 的有关规定,安装在建筑物墙体上,应采用焊接方式与预埋件连接,预埋件间距为 300~500 mm,隔墙拼装完毕,框架应在同一平面,框架与防火玻璃应有一定的间隙,一般为 3~5 mm,但防火玻璃和压条的重合部分不得小于 10 mm。

木框结构防火玻璃隔墙是木质镶嵌框架加固件制成,应防止受潮变形,框架应采用双榫连接,拼装时榫头榫槽应严密嵌合并用胶料胶接和木楔加紧,表面应净光或砂磨,不得有刨痕、毛刺和锤痕,割角拼缝应严密平整。木质的制作与安装应符合 GBJ 206 的有关规定,安装在建筑物墙体上,应采用螺钉等与预埋木块连接,预埋件间距为 300~500 mm,隔墙拼装完毕,框架应在同一平面,框架与防火玻璃应有一定的间隙,一般为 3~5 mm,但防火玻璃和压条的重合部分不得小于 10 mm。

2.6.5.2　使用维护

防火玻璃非承重隔墙在安装使用之前,防火玻璃与框架应分别包装,防火玻璃应垂直立放在箱内,每块防火玻璃应用塑料布或纸包裹。防火玻璃不应放置或倚靠在可能对其造成损伤的地方,防火玻璃与包装箱之间用不易引起防火玻璃划伤等外观缺陷的轻软材料填充。

防火玻璃非承重隔墙在使用过程中,不得用锐器或重物对其进行撞击,以防止隔墙玻璃开裂、框架划伤或受损;应保持室内空气流通,以避免框架受潮或浸水造成生锈或变形。

对于尺寸较大的产品,其镶嵌框架应采取加固措施防止变形。使用过程中,防火玻璃不应出现开裂或破碎现象,其内部也不应出现严重的气泡、杂质和变色现象;镶嵌框架不应出现锈蚀或开裂以及严重变形等现象;压条和密封材料不应出现开裂和脱落等现象。如果出现以上影响隔墙使用和安全性能的情况发生,应及时维护或更换相应部件。

2.7 防火卷帘

2.7.1 产品介绍

防火卷帘是指用钢质材料或无机纤维材料做帘面,用钢质材料做导轨、座板、夹板、门楣、箱体等,并配以卷门机和控制箱所组成的能满足一定耐火性能要求的卷帘。

钢质防火卷帘(图 2-40)最早出现于 20 世纪初,无机纤维复合防火卷帘(图 2-41)最早出现在 20 世纪末。现在防火卷帘的应用已经非常广泛,主要用于需要进行防火分隔,但因生产、使用等需要必须开设较大的开口而又无法设置防火门时的防火隔断上,如防火墙、防火隔墙等位置。

图 2-40 钢质防火卷帘

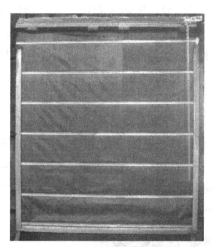

图 2-41 无机纤维复合防火卷帘

在高层建筑物和大空间建筑物中,为阻止火灾的扩展和蔓延,建筑物内部空间会分被隔成若干个防火分区,以降低火灾对人员和财产造成的损失。设置防火分区最简单、最有效的办法是设置防火隔墙,但防火隔墙不能移动和伸缩,不适用于人员流动比较频繁的大空间建筑。此时,可以按照规范在相应的位置设置相应耐火级别的防火卷帘,防火卷帘平时处于开启状态,帘面会收缩在箱体内,并隐藏在吊顶内,不会影响建筑的有效净空高度和设计布局。当火灾发生时,防火卷帘可根据现场的烟感、温感探测器或消防控制中心的控制信号,迅速关闭,将火灾控制在有限区域内,阻止火灾蔓延。

防火卷帘有电动和手动两种控制方式,并配有与卷门机联动的温控释放装置,可以通过控制箱电动或手动控制关闭,还可以通过温控释放装置熔断部件的动作自动释放。防火卷帘产品的生产和设计的主要依据为国家标准《防火卷帘》(GB 14102—2005),该标准明确规定了防火卷帘的定义、分类、要求、试验方法、检验规则、标志、包装、运输和储存等内容。建筑中防火卷帘的设计和设置要求主要依据《建筑设计防火规范》(GB 50016—2014),另外涉及到防火卷帘控制要求的规范主要有国家标准《火灾自动报警设计规范》(GB 50116—2013)、《民用建筑电气设计规范》(JGJ/T 16—2015)等。

目前国内市场上的防火卷帘以钢质帘面和无机纤维复合帘面为主。钢质防火卷帘又可分为普通型和复合型。普通型钢质防火卷帘帘面一般用 1.2 mm 左右的单层冷轧钢板压制成帘板,然后串接而成。普通型钢质防火卷帘的帘面具有结构简单、弹性好、加工方便等优点,但隔热性能较差。普通型钢质防火卷帘受热后强度会大大降低,变形较大,其背火面的热辐射强度较大,容易引燃附近的可燃物,因此,工程上多采用复合型钢质防火卷帘。复合型钢质防火卷帘一般采用两层 0.8~1.0 mm 的冷轧钢板压制成形,中间填充隔热材料而成。由于结构的改进,复合型钢质防火卷帘的隔热性和强度与普通型钢质防火卷帘相比都有明显提高,但仍不能达到特级防火卷帘的标准,因此钢质防火卷帘一般设置在只有耐火完整性要求但没有耐火隔热性要求的部位。

无机纤维复合防火卷帘帘面一般由装饰布、防火布、防辐射布和硅酸铝纤维毯复合而成,具有重量轻、跨度大、装饰性好等优点,但防盗性能和耐风压性能较差。实际工程中,特级防火卷帘(图 2-42 和图 2-43)多采用两个无机纤维复合帘面,保持一定距离,制作成双轨双帘,这种卷帘能够保证良好的耐火完整性和耐火隔热性,很好地弥补了钢质防火卷帘隔热性差的缺点。

图 2-42　特级防火卷帘(无机纤维)

图 2-43　特级防火卷帘(钢质)

　　按照启闭方式,卷帘可以分为垂直卷、侧向卷和水平卷,其中垂直卷使用范围最广。垂直卷是沿垂直方向启闭的防火卷帘,具有设置灵活、启闭方便等优点,但如果洞口跨度较大,垂直卷帘的帘面特别是钢质帘面的重量也会成倍增加,从而造成大跨度卷轴的变形弯曲,影响防火卷帘的正常启闭,因此垂直卷不适用于跨度较大的洞口。侧向卷一般设置两根垂直方向的卷轴,一根为驱动轴,另一根为辅助轴,驱动轴上装有驱动齿轮,而辅助轴上装有托盘,侧向卷通过驱动轴上的驱动齿轮拨动帘板两端链轴来实现启闭功能。在大空间建筑中,如超市、商城、高层建筑等,火势除了会向四周蔓延外,还会沿垂直方向上蔓延,水平卷就是用来解决这个问题的,水平卷的结构与侧向卷类似,帘面与地面平行,沿水平方向启闭。侧向卷和水平卷都只能通过电动控制,无法通过手动方式和温控释放装置来控制,因此在使用中要保证其电源的有效性。

　　因此,在选择和使用防火卷帘时,我们要充分考虑不同卷帘的优点和缺点,保证合适的防火卷帘应用在适合的场合。

2.7.2　代号及分类

2.7.2.1　代号

　　防火卷帘代号示意图如图 2-44 所示。

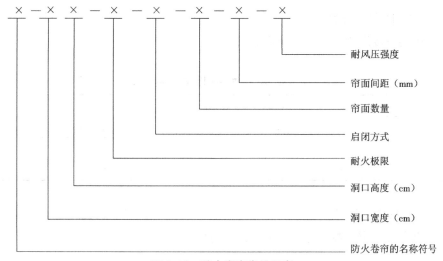

图 2-44　防火卷帘代号示意

2.7.2.2 分类

1）按耐风压强度分类

防火卷帘按耐风压强度分类见表 2-21。

表 2-21　按耐风压强度分类

代号	耐风压强度 /Pa
50	490
80	784
120	1 177

2）按帘面数量分类

防火卷帘按帘面数量分类见表 2-22。

表 2-22　按帘面数量分类

代号	帘面数量 /个
D	1
S	2

3）按启闭方式分类

防火卷帘按启闭方式分类见表 2-23。

表 2-23　按启闭方式分类

代号	启闭方式
CZ	垂直卷
CX	侧向卷
SP	水平卷

4）按耐火极限分类

防火卷帘按耐火极限分类见表 2-24 所示。

表 2-24　按耐火极限分类

名称	名称符号	代号	耐火极限 /h	帘面漏烟量 m³/(m²·min)
钢质防火卷帘	GFJ	F2	≥ 2.00	
		F3	≥ 3.00	
钢质防火、防烟卷帘	GFYJ	FY2	≥ 2.00	≤ 0.2
		FY3	≥ 3.00	
无机纤维复合防火卷帘	WFJ	F2	≥ 2.00	
		F3	≥ 3.00	
无机纤维复合防火、防烟卷帘	WFYJ	FY2	≥ 2.00	≤ 0.2
		FY3	≥ 3.00	
特级防火卷帘	TFJ	TF3	≥ 3.00	≤ 0.2

2.7.3　设计依据

防火卷帘应按国家标准《防火卷帘》(GB 14102—2005)进行设计和生产,作为防火墙的补充和替代产品,防火卷帘具有良好的耐火性能和防烟性能,具有设置灵活、维修方便、节省空间等优点。建筑中防火卷帘的设置和设计按照《建筑设计防火规范》(GB 50016—2014)进行。

防火卷帘主要用于大型超市、大型商场综合体、大型博物馆、大型展馆、工业厂房、大型仓库等有消防要求的公共场所。防火卷帘主要设置在有防烟要求的楼梯间前室、电梯前厅、中庭与楼层的开口处、生产车间中较大洞口处和大空间建筑中设置防火墙有困难的部位。

当火警发生时,防火卷帘可以通过现场控制箱电动控制、手动控制或消防控制中心的远程控制,按预先设定的程序自动关闭,一般防火卷帘会先下降至中停位置,停滞一段时间后继续下降直至完全关闭,从而达到阻止火焰向其他范围蔓延的作用,为灭火争取宝贵的时间。

2.7.4　主要组成部件

2.7.4.1　帘面

钢质防火卷帘帘面一般由冷轧薄钢板或钢带压制成帘板串接而成,帘板表面一般要做防锈处理。复合型钢质防火卷帘还会在帘板中间填充隔热材料,以增强帘板的强度和隔热性。

无机纤维复合帘面一般由多种材料复合而成。常见的是四层结构,即防辐射布、防火布、硅酸铝棉毯和装饰布,复合帘面多设置为纵向钢丝和横向夹板,以增强其整体强度,夹板末端设有防风钩,以防止帘面在风压的作用下脱离导轨。为了保证帘面的整体耐火性能,无机纤维复合帘面拼接缝的个数每米内各层累计不应超过3条,且接缝应避免重叠,帘面上的受力缝采用双线缝制,拼接缝的搭接量不应小于20 mm。非受力缝可采用单线缝制,拼接缝处的搭接量不应小于10 mm。

2.7.4.2 导轨

导轨采用不低于1.5 mm的钢板压制成形,为便于卷帘运行,其顶部为圆弧形。帘面嵌入导轨的深度随其宽度的增加而增加,帘面宽度每增加1 000 mm,每端嵌入深度增加10 mm,这主要是为了防止帘面在风压作用下变形过大而脱离导轨。导轨的滑动面、侧向卷帘供滑轮滚动的表面应光滑平直,帘面运行时不会出现碰撞和冲击现象。导轨之间应互相平行,防火、防烟卷帘和特级防火卷帘的导轨内应设置防烟装置,防烟装置所用材料应为不燃或难燃材料。

2.7.4.3 门楣

门楣安装在卷帘的上部,预埋钢件的间距为600~1 000 mm。防火、防烟卷帘和特级防火卷帘的门楣内应设置防烟装置,防烟装置材料为不燃或难燃材料。防烟装置与帘面均匀紧密贴合,其贴合面长度不应小于门楣长度的80%,非贴合面部位的缝隙不应大于2 mm。防烟装置的设置主要是为了防止烟气通过门楣处的缝隙从一个防火分区蔓延至另一个防火分区。

2.7.4.4 座板

座板多为钢质,安装在帘面底部,下表面与地面平行,能够与地面均匀接触。座板刚度应大于卷帘帘面的刚度,座板与帘面之间连接应牢固。这主要是为了保证防火卷帘完全关闭后能够与地面均匀严密接触,以防止火焰和烟气从卷帘和地面的接缝处蔓延。

2.7.4.5 传动装置

防火卷帘的传动装置由卷轴、链轮和链条组成,卷门机启动后通过链条带动链轮和卷轴转动实现防火卷帘帘面的启闭。传动机构、轴承和链条表面应无锈蚀,并按要求加入适量润滑剂。

2.7.4.6 卷门机

卷门机(图2-45)为防火卷帘的启闭提供动力,其额定输出转矩应与防火卷帘相匹配。卷门机应符合公共行业标准《防火卷帘用卷门机》(GA603—2006)的要求。卷门机应具有电动控制和手动控制功能,还应能够与温控释放装置联动打开其制动部件自动释放防火卷帘。卷门机的刹车性能应稳定可靠,当卷门机静止时,刹车力不应小于额定输出转矩下配重的1.5倍;当卷门机反转运行(即释放防火卷帘)时,刹车力应不小于额定输出转矩下配重的1.2倍。卷门机还设有限位装置,当防火卷帘运行至上、下限位时,会自动停止。现在防火卷帘用卷门机属于CCC认证产品,与防火卷帘配套使用的卷门机产品必须获得 CCC 认证证书。

图 2-45　卷门机

2.7.4.7　控制箱

控制箱(图 2-46)上设有操作按钮,正常使用时,通过操作按钮电动控制防火卷帘的启闭和停止。控制箱能直接或间接地接收来自火灾探测器(温感、烟感探测器)和消防控制中心的火灾报警信号,收到信号后,控制箱会发出声光报警信号,同时控制防火卷帘按照设定的程序完成关闭,并输出反馈信号,将防火卷帘的状态信号反馈至消防控制中心,实现消防联动控制。

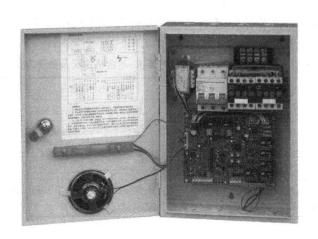

图 2-46　控制箱

2.7.5   防火卷帘的现场检查及判定

防火卷帘的现场检查及判定按照公共安全行业标准《消防产品现场检查判定规则》（ GA 588—2012 ）的相关条款进行。

2.7.5.1   外观质量

外观质量现场检查的技术要求、不合格情况及检查方法见表 2-25。

表 2-25   外观质量现场检查的技术要求、不合格情况及检查方法

技术要求	不合格情况	检查方法
防火卷帘应有永久性标牌，内容应准确完整。标牌应包含：产品名称、型号、规格及商标；制造厂名称；出厂日期及产品编号或生产批号；电机功率；执行标准等内容	防火卷帘上无标牌，或标牌内容错误、有缺失	采用目测及手触摸相结合的方法进行检验
金属零部件表面不允许有裂纹、压坑及明显的凹凸、锤痕、毛刺、孔洞等缺陷。表面应作防锈处理	金属零部件表面有裂纹、压坑及明显的凹凸、锤痕、毛刺、孔洞等缺陷。表面未作防锈处理	
无机纤维复合帘面不应有撕裂、缺角、挖补、破洞、倾斜、跳线、断线、经纬纱密度明显不匀及色差等缺陷。夹板应平直，夹持应牢固。基布的经向是帘面的受力方向	无机纤维复合帘面有撕裂、缺角、挖补、破洞、倾斜、跳线、断线、经纬纱密度明显不匀及色差较大等缺陷。或夹板不平直，夹持不牢固。或基布的经向不是帘面的受力方向	
所有紧固件应紧牢	紧固件不紧牢	

2.7.5.2   材料

材料现场检查的技术要求、不合格情况及检查方法见表 2-26。

表 2-26   材料现场检查的技术要求、不合格情况及检查方法

技术要求		不合格情况	检查方法
	座板厚度≥ 3.0 mm（ 可叠加 ）	座板厚度 <3.0 mm（ 叠加后 ）	用游标卡尺测量原材料厚度。检查无机纤维复合卷帘基布和装饰布的检验报告
	夹板厚度≥ 3.0 mm（ 成形后 ）	夹板厚度 <3.0 mm（ 成形后 ）	
无机纤维复合卷帘	基布燃烧性能不低于 GB 8624—1997 A级	基布燃烧性能低于 GB 8624—1997 A级	
	装饰布燃烧性能不低于 GB 8624—1997 B1级（纺织物）	装饰布燃烧性能低于 GB 8624—1997 B1级（纺织物）	

2.7.5.3   钢质防火卷帘帘面

钢质帘板现场检查的技术要求、不合格情况及检查方法见表 2-27。

表 2-27　钢质防火卷帘帘面现场检查的技术要求、不合格情况及检查方法

技术要求	不合格情况	检查方法
钢质防火卷帘帘板两端挡板或防窜机构应装配牢固,卷帘运行时相邻帘板窜动量不应大于 2 mm	钢质防火卷帘帘板两端挡板或防窜机构装配不牢固,卷帘运行时相邻帘板窜动量大于 2 mm	采用目测的方法进行检验
钢质帘板应平直,装配成卷帘后不应有孔洞或缝隙存在	钢质帘板不平直,装配成卷帘后有孔洞或缝隙存在	
钢质帘板两端应设防风钩	钢质帘板两端未设防风钩	

2.7.5.4　无机纤维复合帘面

无机纤维复合帘面现场检查的技术要求、不合格情况及检查方法见表 2-28。

表 2-28　无机纤维复合帘面现场检查的技术要求、不合格情况及检查方法

技术要求	不合格情况	检查方法
帘面拼接缝的个数每米内各层累计不应超过 3 条,且接缝应避免重叠。帘面上的受力缝应采用双线缝制,拼接缝的搭接量不应小于 20 mm,非受力缝的拼接缝搭接量不应小于 10 mm	帘面拼接缝的个数每米内各层累计超过 3 条,接缝重叠。帘面上的受力缝未采用双线缝制,拼接缝的搭接量小于 20 mm,非受力缝的拼接缝搭接量小于 10 mm	无机纤维复合帘面拼接缝处的搭接量采用直尺测量,夹板的间距采用直尺或钢卷尺测量,其他性能采用目测检验
帘面应沿帘布纬向每隔一定的间距设置不锈钢丝(绳)。应沿帘布经向设置夹板,帘面每隔 300~500 mm 应设置一道钢质夹板	帘面沿帘布纬向每隔一定的间距未设置不锈钢丝(绳)。沿帘布经向未设置夹板,帘面设置钢质夹板的距离不在 300~500 mm 内	
帘面应装有夹板,夹板两端应设防风钩	帘面未装有夹板,夹板两端未设防风钩	

2.7.5.4　导轨

导轨现场检查的技术要求、不合格情况及检查方法见表 2-29。

表 2-29　导轨现场检查的技术要求、不合格情况及检查方法

技术要求		不合格情况	检查方法
导轨顶部应成圆弧形,以便于卷帘运行		导轨顶部不成圆弧形	目测
导轨间距离 B /mm	每端嵌入深度 /mm	帘板嵌入导轨深度小于技术要求规定	帘板嵌入导轨深度采用直尺测量,测量点为每根导轨距其底部 200 mm 处,取较小值
$B<3000$	>45		
$3\,000 \leqslant B<5\,000$	>50		
$5\,000 \leqslant B<9\,000$	>60		
导轨间距离每增加 1 000 mm,每端嵌入深度应增加 10 mm			

2.7.5.5　电动卷门机、控制箱

电动卷门机、控制箱现场检查的技术要求、不合格情况及检查方法见表 2-30。

表 2-30　电动卷门机、控制箱现场检查的技术要求、不合格情况及检查方法

技术要求	不合格情况	检查方法
卷门机应设有自动限位装置,当卷帘启闭至上下限位时能自动停止,其重复定位误差应不大于 20 mm	不具有自动限位装置,卷帘启闭至上下限位时,不能自动停止。重复定位误差大于 20 mm	用直尺、管形测力计及目测进行测量
卷门机应具有手动操作装置,手动操作装置应灵活、可靠,安装位置应便于操作	不具有手动操作装置,或手动操作装置操作不方便、不灵活,安装位置不便于操作	
卷门机应具有电动启闭。防火卷帘应具有自重恒速下降的功能,电动启闭和自重下降速度应符合要求	不具有电动启闭或自重下降功能。功能或速度不符合要求,不为恒速	
启动防火卷帘自重下降的臂力不应大于 70 N	启动防火卷帘自重下降的臂力大于 70N	
控制箱应满足 GA 588—2012 表 27 中的规定	控制箱不满足 GA 588—2012 表 27 中的规定	按 GA 588—2012 中 6.2.27.2 条进行检查

2.7.5.6　防烟性能

防烟性能现场检查的技术要求、不合格情况及检查方法见表 2-31。

表 2-31　防烟性能现场检查的技术要求、不合格情况及检查方法

技术要求	不合格情况	检查方法
导轨和门楣应设置有防烟装置,其与帘面均匀紧密贴合,贴合面长度不应小于导轨和门楣长度的 80%	导轨和门楣未设置有防烟装置,或其与帘面未均匀紧密贴合,贴合面长度小于导轨和门楣长度的 80%	导轨内和门楣的防烟装置用塞尺测量。当卷帘关闭后,用 0.1 mm 的塞尺测量帘板或帘面表面与防烟装置之间的缝隙,若塞尺不能穿透防烟装置,表明帘板或帘面表面与防烟装置紧密贴合

2.7.5.7　帘板运行和运行平稳性能

帘板运行和运行平稳性能现场检查的技术要求、不合格情况及检查方法见表 2-32。

表 2-32　帘板运行和运行平稳性能现场检查的技术要求、不合格情况及检查方法

技术要求	不合格情况	检查方法
卷帘运行时无倾斜,能平行升降	卷帘运行时倾斜,不能平行升降	目测

技术要求	不合格情况	检查方法
帘面在导轨内运行应平稳,不应有脱轨和明显的倾斜现象。双帘面卷帘的两个帘面应同时升降,两个帘面间的高度差不应大于 50 mm	帘面在导轨内运行不平稳,具有脱轨和明显的倾斜现象。双帘面卷帘的两个帘面未能同时升降,两个帘面间的高度差大于 50 mm	采用目测的方法进行检验。双帘面卷帘的两个帘面的高度差采用钢卷尺进行检验

2.7.5.8　电动启闭和自重下降运行速度

电动启闭和自重下降运行速度现场检查的技术要求、不合格情况及检查方法见表 2-33。

表 2-33　电动启闭和自重下降运行速度现场检查的技术要求、不合格情况及检查方法

技术要求	不合格情况	检查方法
垂直卷卷帘电动启闭的运行速度应为 2~7.5 m/min。自重下降速度不应大于 9.5 m/min。侧向卷帘电动启闭的运行速度不应小于 7.5 m/min。水平卷卷帘电动启闭的运行速度应为 2~7.5 m/min。	卷帘电动启闭的运行速度和自重下降速度不在技术要求规定范围以内	采用钢卷尺、秒表进行检验。量取一定距离,通过记下卷帘运行此段距离的时间计算运行速度

2.7.5.9　两步关闭性能

两步关闭性能现场检查的技术要求、不合格情况及检查方法见表 2-34。

表 2-34　两步关闭性能现场检查的技术要求、不合格情况及检查方法

技术要求	不合格情况	检查方法
防火卷帘应具有两步关闭性能。控制箱接到报警信号后,控制防火卷帘自动关闭至中位处停止,延时 5~60 s(或是接第二次报警信号)继续关闭至全闭	防火卷帘不具有两步关闭性能。控制箱接到报警信号后,不能控制防火卷帘自动关闭至中位处停止,或是延时 5~60 s(或是接第二次报警信号)后不能继续关闭至全闭	采用目测的方法进行检验。延时时间采用秒表进行检验

2.7.5.10　温控释放装置

温控释放装置现场检查的技术要求、不合格情况及检查方法见表 2-35。

表 2-35　温控释放装置现场检查的技术要求、不合格情况及检查方法

技术要求	不合格情况	检查方法
卷帘应装配温控释放装置,感温元件周围温度达 73 ± 0.5 ℃,释放装置动作,卷帘依自重下降关闭	无温控释放装置,或加热温控释放装置感温元件,使其周围温度达到 73 ℃ 以上时,释放装置未动作,卷帘未依自重下降关闭	卷帘开启至上限,切断电源,加热温控释放装置感温元件使其周围温度达 73 ℃ 以上,观察释放装置是否动作

2.8　防火卷帘用卷门机

2.8.1　产品介绍

　　防火卷帘用卷门机(图2-47和图2-48)是指由电动机、限位器、手动操作部件等组成,与防火卷帘、防火卷帘控制器配套使用,使防火卷帘完成开启、定位、关闭功能的装置,简称卷门机。防火卷帘系统一般由帘面、卷门机、防火卷帘控制器、卷轴、端板、导轨、座板等部件组成,其中防火卷帘控制器负责控制防火卷帘执行上升、停止、下降动作,同时接收防火卷帘限位器反馈信号、控制防火卷帘执行相应动作,并发出卷帘动作声、光指示信号;卷门机是防火卷帘的动力装置,防火卷帘的上升、停止、下降、限位等动作都是通过卷门机来执行。

图2-47　卷门机(带单卷用端板)

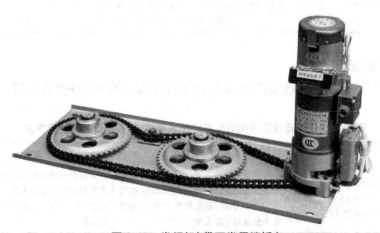

图2-48　卷门机(带双卷用端板)

卷门机的主要工作过程为：防火卷帘控制器或按钮盒发出动作指令，卷门机接收到指令后执行动作，卷门机通过与其输出轴相连的端板传动系统将动力传导至卷轴，通过卷轴正反转动或停止，带动防火卷帘帘面升降或停止，从而实现防火卷帘的上升、下降、停止或定位。

近些年，随着防火卷帘的广泛应用，卷门机也开始大量使用。卷门机设计和生产的主要依据是公共安全行业标准《防火卷帘用卷门机》（GA 603—2006），该标准规定了卷门机的术语和定义、要求、试验方法、标志、包装、运输和贮存等内容。防火卷帘用卷门机是强制性认证目录产品，只有获得强制性认证证书才能进行生产和销售。

2.8.2 规格型号

卷门机的型号编制方法如图 2-49 所示。

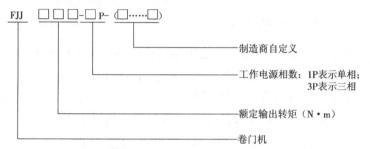

图 2-49 卷门机型号编制方法

其中，每个"□"代表一个字母或数字，"（□……□）"内的代号由制造商根据产品具体情况取舍。

示例 2-10：FJJ 100-1P，表示单相工作电源，额定输出转矩为 100 N·m 的卷门机。

示例 2-11：FJJ 340-3P-（HL），表示三相工作电源，额定输出转矩为 340 N·m，制造商自定义代号为 HL 的卷门机。

2.8.3 产品组成

卷门机主要由电动机、温控释放装置、限位装置、制动部件、手动操作部件等组成。

电动机，又称电动马达，是一种将电能转化为机械动能来驱动其他装置的电气设备，是卷门机的动力部件，主要由定子和转子组成。根据工作电源的不同又可以分为交流电动机和直流电动机。

温控释放装置（图 2-50 和图 2-51）是与卷门机的制动部件连接，当环境温度达到标准动作温度时，感温元件会动作并联动将卷门机制动状态解除，使防火卷帘依自重自动下降的机械装置。当释放装置的感温元件周围温度达到 73 ± 0.5℃时,温感元件会熔断,处于压缩状态的弹簧会弹开并释放压力,进而通过驱动绳索拉动卷门机的制动部件来解除防火卷帘的制动状态,防火卷帘的帘面在自重的作用下带动卷轴转动直至防火卷帘完全关闭。

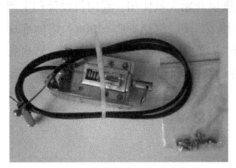

图 2-50 温控释放装置(玻璃管式)

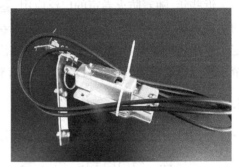

图 2-51 温控释放装置(易熔合金式)

限位装置(图 2-52)是一种能够限制卷门机在特定位置停止的电子机械装置。通常卷门机的限位装置可以通过调节来保证卷门机在设定的上限位和下限位停止。限位装置一般由螺杆、限位滑块、限位螺套和微动开关组成。当卷门机动作时,螺杆会带动限位螺套转动并向前或向后运动,当限位螺套运动至微动开关位置并触发微动开关时,卷门机停止动作从而实现定位。如果防火卷帘没有在限定位置停止,可以调整限位螺套的位置并通过限位滑块将其固定后,重新调试,直至满意为止。防火卷帘一般会设定上限位和下限位,因此卷门机也会设置两套限位滑块、限位螺套和微动开关分别实现上限位和下限位的功能。

图 2-52 限位装置

制动部件是使卷门机的运动部件减速、停止或保持停止状态的机械部件,俗称刹车。当防火卷帘运动至上限位、下限位或某个特定位置需要停止时,卷门机的制动部件动作,卷门机停止转动,防火卷帘也会随即由运动状态变为静止状态。制动部件同时受电动、手动和温控释放装置控制,任何一种控制方式都可以令制动部件解除制动状态,释放防火卷帘。

手动操作部件是在没有接通电源的情况下,通过手动开启或关闭防火卷帘的操作部件。卷门机按照标准要求设置一条钢质环形铁链,通过向正反方向不断拉动铁链,可以手动开启或关闭防火卷帘。火灾时,即使防火卷帘的电源供应得不到保障,使用人仍可以通过手动操作部件来对防火卷帘进行启闭,让防火卷帘在关键时刻发挥最大的作用。

2.8.4　卷门机的性能要求

2.8.4.1　外观及零部件

卷门机外壳应完整,无缺角和明显裂纹,无变形。涂覆部位表面应光滑,无明显气泡、皱纹、斑点、流挂等缺陷。零部件不应使用易燃和可燃材料制作。手动操作部件应便于操作。卷门机应设有接地装置和标识,电气接线端应套装耐热绝缘套管,电机出线端子应加装金属接线盒。

2.8.4.2　基本性能

1)刹车性能

卷门机的刹车部位在下述情况下刹车滑行位移不大于表 2-36 中规定的相应要求。

(1)当卷门机静止时,刹车力应不小于 1.5 倍额定输出转矩下重物重力。

(2)当卷门机反转运行(即释放防火卷帘)时,刹车力应不小于 1.2 倍额定输出转矩下重物重力。

表 2-36　刹车滑行位移

卷门机额定输出转矩 $T/(\text{N}\cdot\text{m})$	滑行位移 /mm
$T \leqslant 750$	20
$750 < T \leqslant 1\,500$	20
$1\,500 < T \leqslant 4\,000$	30
$T > 4\,000$	60

2)手动操作性能

卷门机应具有手动操作功能,手动操作应灵活、可靠,启闭防火卷帘运行时,不应出现滑行撞击现象。

3）电动操作性能

卷门机应具有电动启闭功能,电动操作时传动部分应运行平顺,不应出现卡滞、振动和异常声响。

4）刹车释放臂力和自重下降转矩

卷门机应具有依靠防火卷帘自重下降的功能,刹车释放臂力和自重下降转矩应符合表 2-37 的要求。

表 2-37　刹车释放臂力和自重下降转矩

卷门机额定输出转矩 $T/(N\cdot m)$	释放刹车臂 F_0/N	自重下降转矩 $T_0/(N\cdot m)$
$T \leqslant 750$	$\leqslant 7$	$\leqslant 10$
$750 < T \leqslant 1\ 500$	$\leqslant 12$	$\leqslant 20$
$1\ 500 < T \leqslant 4\ 000$		
$T > 4\ 000$		

5）限位性能

卷门机应设有自动限位装置。限位部件应安装准确、运行可靠,并可在一定范围内调整,当防火卷帘启闭至上限、中限、下限位时能自动停止,其重复定位误差不应大于 20 mm。

2.8.4.3　机械寿命

卷门机在额定输出转矩下配重,启闭运行循环 2 000 次后,其零部件不应出现松脱、损坏等现象,卷门机基本性能应符合上文 2.8.4.2 中的要求。

防火卷帘"完全关闭——完全开启——完全关闭"为一个循环。

2.8.4.4　电源性能

当卷门机电源电压与额定值的偏差不超过(-15% ~ +10%),电源频率与额定值偏差不超过 ±1% 时,卷门机应能正常运行,其基本性能符合上文 2.8.4.2 中的要求。

2.8.4.5　绝缘性能

卷门机有绝缘要求的外部带电端子与机壳之间绝缘电阻应大于 30 MΩ。

2.8.4.6　耐压性能

卷门机有绝缘要求的外部带电端子与机壳之间应能承受电压 1 500 V、频率 50 Hz、历时 60 s 的耐压试验。试验期间卷门机不应发生表面飞弧、扫掠放电、电晕和击穿现象,试验后其基本性能应符合上文 2.8.4.2 中的要求。

2.8.4.7　耐气候环境性能

卷门机应能承受表 2-38 所规定的气候环境下的各项试验,并且涂覆应无破坏、表面无腐蚀现象,基本性能应符合上文 2.8.4.2 中的要求。

表 2-38　耐气候环境性能要求

试验名称	试验参数	试验条件	工作状态
高温试验	温度	55 ± 2 ℃	不通电状态 14 h 通电状态 2 h
	持续时间	16 h	
低温试验	温度	−25 ± 3 ℃	不通电状态 14 h 通电状态 2 h
	持续时间	16 h	
恒定湿热试验	相对湿度	90%~95%	通电状态
	温度	40 ± 2 ℃	
	持续时间	96 h	
低温储存试验	温度	−40 ± 3 ℃	不通电状态
	持续时间	4 h	

注:通电状态时卷门机电源接通,但处于静止状态。

第3章　生产企业工厂条件典型配置

3.1　工厂条件概述

建筑耐火构件产品基本认证模式采用型式检验、工厂条件检查、获证后监督检查相结合的方式,其中工厂条件检查包括企业质量保证能力检查和产品一致性控制检查。根据《消防产品工厂检查通用要求》(GA1035)、《消防产品一致性检查要求》(GA1061)的规定,本章就建筑耐火构件产品生产企业质量保证能力要求的典型生产设备、检验设备配置进行详细说明。

3.2　防火门产品

3.2.1　出厂检验项目

《防火门》(GB12955—2008)标准中7.1条款规定的防火门产品出厂检验项目包括:全检项目及抽检项目,详见表3-1、3-2。

表 3-1　防火门出厂检验项目(不包括现场检查项)

序号	检验项目	标准要求	条款	测量
1	一般要求	防火门应符合国标要求,并按规定程序批准的图样及技术文件制造	5.1	
2	含水率	所用木材、人造板进行阻燃处理再进行干燥处理后的含水率不应大于 12 %;木材在制成防火门后的含水率不应大于当地的平衡含水率	5.2.2.3 5.2.3.3	含水率测试仪
3	材料厚度	门扇面板 ≥ 0.8 mm(冷轧镀锌钢板)	5.2.4.2	千分尺
		门框板 ≥ 1.2 mm(冷轧镀锌钢板)	5.2.4.2	千分尺
		铰链板 ≥ 3.0 mm、加固件(带螺孔)≥ 3.0 mm、加固件(不带螺孔)≥ 1.2 mm	5.2.4.2	千分尺

序号	检验项目		标准要求	条款	测量
4	外观质量	钢质防火门	外观应平整、光洁,无明显凹痕和机械损伤;涂层、镀层应均匀、平整、光滑,不应有堆漆、麻点、气泡、漏涂及流淌等现象,不允许有假焊、烧穿、漏焊、夹渣或疏松等现象,外表面焊接打磨平整	5.4.2	
		木质防火门	割角、拼缝应严实平整,胶合板不允许刨透表层单板,表面应净光或砂磨,并不得有刨痕、毛刺和锤印,涂层应均匀、平整、光滑,不应有堆漆、气泡、漏涂及流淌等现象	5.4.2	
5	门扇质量		门扇质量不应小于门扇的设计质量	5.5	磅秤
6	尺寸偏差	门扇	门扇高度允差 ±2 mm	5.6	钢卷尺
			门扇宽度允差 ±2 mm	5.6	钢卷尺
			门扇厚度允差 +2 mm 至 −1 mm	5.6	游标卡尺
		门框	门框内裁口高度 ±2 mm	5.6	钢卷尺
			门框内裁口宽度 ±2 mm	5.6	钢卷尺
			门框侧壁宽度允差 ±2 mm	5.6	游标卡尺
7	形位公差	门扇	门扇两对角线长度差 ≤ 3 mm	5.7	钢卷尺
			门扇扭曲度 ≤ 5 mm、弯曲度 < 2‰	5.7	平台、顶尖、高度尺等
		门框	门框内裁口两对角线长度差 ≤ 3 mm	5.7	钢卷尺
8	可靠性		在进行 500 次启闭试验后,防火门不应有松动、脱落、严重变形和启闭卡阻现象	5.10	可靠性试验装置

表3-2 防火门出厂检验项目(现场检查项)

序号	检验项目	标准要求	条款	测量
1	配件公差	门框扇搭接尺寸 ≥ 12 mm	5.8.1	钢卷尺
		门扇与门框的配合活动间隙符合要求	5.8.2	塞尺
		门扇与门框的平面高低差 ≤ 1 mm	5.8.3	游标卡尺
2	启闭灵活性	启闭灵活,无卡阻现象	5.9.1	—
3	门扇开启力	门扇开启力 ≤ 80 N	5.9.2	拉力计

续表

序号	检验项目	标准要求	条款	测量
4	配件安装	防火锁	5.3.1	
		防火铰链	5.3.2	
		防火闭门装置	5.3.3	
		防火顺序器	5.3.4	
		防火插销	5.3.5	
		盖缝板	5.3.6	
		防火密封件	5.3.7	
		防火玻璃	5.3.8	

3.2.2　进货检验项目

　　工厂应建立并保持对供应商提供关键元器件和材料的检验或验证的程序及定期确认检验的程序,以确保关键元器件和材料满足认证所规定的要求。防火门产品以门芯板、防火板等填充材料为关键原材料,常见进货检验要求详见表 3-3、3-4,其余原材料或元器件检验常以核查出厂报告、外观和尺寸及偏差为主,此处不再详述。

表 3-3　防火门进货检验项目(门芯板)

序号	检验项目	要求	检验方法
1	抗折压性能	抗压强度 ≥ 0.45 MPa,抗折强度 ≥ 0.55 MPa	抗折压试验机
2	外观	外观完好,无破损,无污渍,厚度均匀,无裂纹,无缺棱掉角	目测、手摸
3	厚度	允许偏差 ± 1 mm	游标卡尺
4	含水率	含水率 ≤ 12%	含水率测定仪
5	烘干前后密度	允许偏差 ± 10%	烘干箱、天平、游标卡尺
6	甲醛含量	甲醛释放量 ≤ 1.5 mg/L	甲醛测定仪

表 3-4　防火门进货检验项目(防火板)

序号	检验项目	要　求	检验方法
1	外观	外观完好,无破损,无污渍,厚度均匀,无裂纹,无缺棱掉角	目测、手摸
2	厚度	允许偏差 ± 0.04 mm	游标卡尺
3	含水率	含水率 ≤ 12%	含水率测定仪
4	密度	允许偏差 ± 10%	天平、游标卡尺
5	甲醛含量	甲醛释放量 ≤ 1.5 mg/L	甲醛测定仪

3.2.3　检验设备及准确度

根据防火门产品出厂及进货检验项目的检验要求和试验方法,生产企业一般应常具备的典型检验工具、设备配置及准确度如下。

（1）尺寸测量工具:千分尺（图 3-1）0.001 mm、钢卷尺（图 3-2）1 mm、游标卡尺（图 3-3）（带深度尺）0.02 mm、塞尺（图 3-4）0.1 mm。

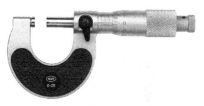

图 3-1　千分尺

图 3-2　钢卷尺

图 3-3　游标卡尺

图 3-4　塞尺

（2）质量测量工具:电子天平（图 3-5）0.01 g、磅秤（图 3-6）1 kg。

图 3-5　电子天平

图 3-6　磅秤

（3）拉力计（图 3-7）2 N、平台（三级）、顶尖（图 3-8）1 mm、高度尺（图 3-9）0.02 mm、抗折压试验机（图 3-10）、甲醛测定仪（图 3-11）、水分含量测试仪（图 3-12）、可靠性试验装置（图 3-13）。

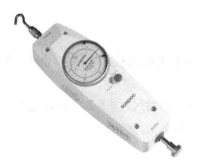

图 3-7　拉力计

图 3-8　平台、顶尖

图 3-9　高度尺

图 3-10　抗折压试验机

图 3-11　甲醛测定仪

图 3-12　水分含量测试仪

（4）木质、钢木质防火门检验还会涉及波美计（图 3-14）、氧指数测定仪（图 3-15）。

图 3-13　可靠性试验装置

图 3-14　波美计

图 3-15　氧指数测定仪

3.2.4　生产设备

由于防火门企业生产工艺、过程控制以及加工方式、生产水平的不同,其生产设备的数量和自动化程度也不尽相同。对生产企业一般常具备的典型生产设备配置汇总如下。

(1)钢质防火门常用生产、加工设备有:剪板机(图 3-16)、折弯机(图 3-17)、冲床(图 3-18)、焊接设备、热压 / 冷压机、门框成型机(图 3-19)、喷漆房等,设备的数量应与产量相匹配。

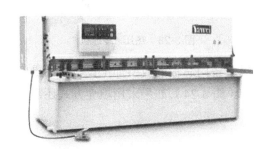

图 3-16　剪板机

图 3-17　折弯机

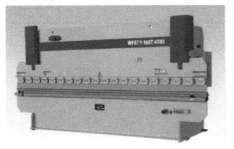

图 3-18　冲床

图 3-19　门框成型机

（2）木质防火门常用生产、加工、处理设备有：裁板锯（图 3-20）、压刨机、平刨机、四面刨机、推台锯（图 3-21）、指接机、开榫机、阻燃处理系统（图 3-22）、烘干室、热压/冷压机（图 3-23）等，设备的数量应与产量相匹配。

图 3-20　裁板锯

图 3-21　推台锯

图 3-22　阻燃处理系统

图 3-23　热压/冷压机

（3）对于防火门芯板自生产的企业，还需具备门芯板的成型加工设备。如果门芯板采用灌注方式，则需要配置门芯料搅拌机（图 3-24），如果采用填充方式还需要配置门芯板成型机（图 3-25）。

图 3-24　门芯料搅拌机

图 3-25　门芯板成型机

3.3　防火窗产品

3.3.1　出厂检验项目

《防火窗》(GB16809—2008)标准中 9.1.1 条款规定的防火窗产品出厂检验项目包括通用检验项目详见表 3-5。对于活动式防火窗产品出厂检验项目的情况详见表 3-6。

表 3-5　防火窗出厂检验项目(通用)

序号	检验项目			标准要求	条款	测量
1	外观质量			防火窗各连接处的连接及零部件安装应牢固、可靠，不得有松动现象；表面应平整、光滑，不应有毛刺、裂纹、压坑等	7.1.1	
2	防火玻璃	外观质量	气泡	直径 300 mm 圆内允许长 0.5~1.0 mm 的气泡 1 个	7.1.2.1	钢卷尺、游标卡尺
			胶合层杂质	直径 500 mm 圆内允许长 2.0 mm 以下的杂质 2 个		
			叠差、裂纹、脱胶	脱胶、裂纹不允许存在；总叠差不应大于 3 mm		
			划伤	宽度≤ 0.1 mm、长度≤ 50 mm 的轻微划伤，每平方米面积内不超过 4 条		
				0.1 mm <宽度< 0.5 mm、长度≤ 50 mm 的轻微划伤，每平方米面积内不超过 1 条		
			爆边	每米边长允许有长度不超过 20 mm、自边部向玻璃表面延伸深度不超过厚度一半的爆边 4 个		
		厚度	偏差	± 1.5 mm	7.1.2.2	游标卡尺

续表

序号	检验项目		标准要求	条款	测量
3	窗框	高度	±3.0 mm	7.1.3	钢卷尺、游标卡尺
		宽度	±3.0 mm		
		厚度	±2.0 mm		
		槽口对角线长度差	≤4.0 mm		

表3-6 防火窗出厂检验项目(活动式附加)

序号	检验项目		标准要求	条款	测量
1	热敏感元件的静态动作温度		活动式防火窗中窗扇启闭控制装置采用的热敏感元件,在64±0.5 ℃的温度下5.0 min内不应动作,在74±0.5 ℃的温度下1 min内应能动作	7.2.1	水浴锅、温度计、秒表
2	活动扇尺寸偏差	高度	±3.0 mm	7.2.2	钢卷尺、游标卡尺、塞尺、平台、顶尖、高度尺
		宽度	±3.0 mm		
		厚度	±2.0 mm		
		对角线长度差	≤3.0 mm		
		扭曲度	≤3.0 mm		
		扇框搭接宽度	(0~2)mm		
3	门扇关闭可靠性		手动控制窗扇启闭装置100次开关,无卡阻现象,零部件无脱落、损坏现象	7.2.3	

3.3.2 进货检验项目

工厂应建立并保持对供应商提供关键元器件和材料的检验或验证的程序及定期确认检验的程序,以确保关键元器件和材料满足认证所规定的要求。防火窗产品以启闭控制装置、门芯填充材料为关键原材料或关键参数,填充材料检验要求详见表3-7,其余原材料或元器件检验常以核查出厂报告、外观和尺寸及偏差为主,此处不再详述。

表3-7 防火窗进货检验项目(填充材料珍珠岩板)

序号	检验项目	要求	检验方法
1	抗折压性能	抗压强度≥0.45 MPa,抗折强度≥0.55 MPa	抗折压试验机

序号	检验项目	要求	检验方法
2	外观	外观完好,无破损,无污渍,厚度均匀,无裂纹、无缺棱掉角	目测、手摸
3	厚度	允许偏差 ±1mm	游标卡尺
4	含水率	含水率≤12%	含水率测定仪
5	烘干前后密度	允许偏差 ±10%	烘干箱、天平、游标卡尺
6	甲醛含量	甲醛释放量≤1.5 mg/L	甲醛测定仪

3.3.3 检验设备及准确度

根据防火窗产品出厂及进货检验项目的检验要求和试验方法,对生产企业一般常具备的典型检验工具、设备配置及准确度汇总如下。

（1）尺寸测量工具:千分尺 0.001 mm、钢卷尺 1 mm、游标卡尺(带深度尺)0.02 mm、塞尺 0.1 mm,检验设备参考图 3-1、3-2、3-3、3-4。

（2）恒温水浴锅(图 3-26)、温度计 0.1 ℃、秒表、电子天平 0.01 g、扭曲度测量用平台(三级)、顶尖 1 mm、甲醛测定仪、水分含量测试仪、抗折压试验机、高度尺 0.02 mm,检验设备参考图 3-5、3-8、3-9、3-12、3-13、3-14。

（3）木质防火窗检验还会涉及波美计、氧指数测定仪。

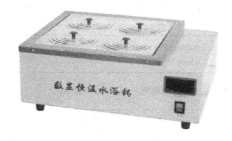

图 3-26　恒温水浴锅

3.3.4 生产设备

防火窗产品企业生产工艺、过程控制以及加工方式、生产水平不同,其生产设备的数量和自动化程度也不尽相同。对生产企业一般常具备的典型生产设备配置汇总如下。

（1）钢质防火窗常用生产、加工设备有:剪板机、折弯机、冲床、焊接设备、窗框成型机、喷漆房等,设备的数量应与产量相匹配。设备图样参考钢质防火门生产设备。

（2）木质防火窗常用生产、加工、处理设备:裁板锯、压刨机、平刨机、四面刨机、推台锯、指接机、开榫机、阻燃处理系统、烘干室等,设备的数量应与产量相匹配。设备图样参考防火门生产设备。

3.4　防火卷帘产品

3.4.1　出厂检验项目

《防火卷帘》(GB14102—2005)标准中8.1条款规定的防火卷帘产品出厂检验项目包括:全检项目6.1、6.2.1、6.2.2、6.2.3、6.3.1、6.3.3、6.3.3.1、6.3.3.2、6.3.3.3、6.3.4.2、6.3.7.3,详见表3-8。

表3-8　防火卷帘出厂检验项目

序号	检验项目		标准要求	条款	测量
1	外观质量			6.1	
2	材料		无机纤维复合防火卷帘使用的原材料应符合健康、环保的有关规定,不应使用国家明令禁止使用的材料	6.2.1	
			防火卷帘主要零部件使用的各种原材料应符合相应国家标准或行业标准的规定	6.2.2	
			帘板厚度:普通型帘板厚度≥1.0 mm;复合型帘板中任一帘片厚度≥0.8 mm;夹板≥3.0 mm 座板≥3.0 mm;导轨掩埋型≥1.5 mm、外露型≥3.0 mm;门楣≥0.8 mm;箱体≥0.8 mm	6.2.3	钢卷尺、游标卡尺
3	零部件尺寸偏差	帘板	长度:$L\pm2.0$ mm;宽度:$h\pm1.0$ mm;厚度:$S\pm1.0$ mm	6.3.1	钢卷尺、千分尺、带深度尺的游标卡尺
		导轨	导轨槽深$a\pm2.0$ mm;槽宽$b\pm2.0$ mm		
4	无机纤维复合帘面		无机纤维复合帘面拼接缝的个数每米内各层累计不应超过3条,且接缝应避免重叠。帘面上的受力缝应采用双线缝制,拼接缝的搭接量不应小于20 mm。非受力缝可采用单纯缝制,拼接处的搭接量不应小于10 mm	6.3.3.1	钢卷尺
			无机纤维复合帘面应沿布向每隔一定的间距设置耐高温不锈钢丝(绳),以承载帘面的自重,沿帘布经向设置夹板,以保证帘面的整体强度,夹板间距应为300 mm~500 mm	6.3.3.2	钢卷尺
			无机纤维复合帘面上除应装夹板外,两端还应设防风钩	6.3.3.3	
			无机纤维复合帘面上应直接连接于卷轴上,应通过固定件与卷轴相连	6.3.3.4	
5	导轨		导轨顶部应成圆弧形,以便于卷帘运行	6.3.4.2	

续表

序号	检验项目	标准要求	条款	测量
6	传动装置	垂直卷卷帘的卷轴在正常使用时挠度应小于卷轴长度的 1/400	6.3.7.3	磅秤、水平尺、挠度测试装置、秒表

3.4.2　进货检验项目

工厂应建立并保持对供应商提供关键元器件和材料的检验或验证的程序及定期确认检验的程序,以确保关键元器件和材料满足认证所规定的要求。防火卷帘产品以温控释放装置、无机纤维复合帘面的基布为关键原材料、元器件,检验要求详见表 3-9,其余原材料或元器件检验以核查出厂报告、外观和尺寸及偏差为主,此处不再详述。

表 3-9　防火卷帘进货检验项目

序号	检验项目	要求	检验方法
1	感温元件动作温度	温控释放装置的感温元件在(64±0.5)℃的温度下 5.0 min 内不应动作,在(73±0.5)℃的温度下 1 min 内应能动作	恒温水浴锅、温度计、秒表
2	无机帘面基布	材料外观质量、厚度、生产厂与报告一致	游标卡尺
3	钢卷帘板隔热材料密度	密度与报告一致	电子天平、游标卡尺

3.4.3　检验设备及准确度

根据防火卷帘产品出厂及进货检验项目的检验要求和试验方法,对生产企业一般常具备的典型检验工具、设备配置及准确度汇总如下。

（1）尺寸测量工具:千分尺 0.001 mm、钢卷尺 1 mm、游标卡尺（带深度尺）0.02 mm。

（2）恒温水浴锅、温度计 0.1 ℃、电子天平 0.01 g。

（3）磅秤 1 kg、挠度测试装置（图 3-28）1 mm、水平尺（图 3-29）、秒表 0.01 s。

（4）确认检验项目中有无运行噪音测试,企业自检时需配备声级计（图 3-30）1 dB;

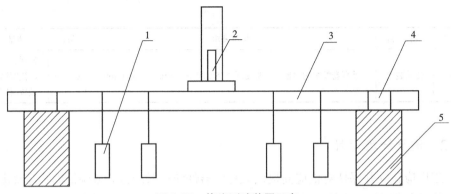

图 3-27　挠度测试装置示意

1—配重(模拟帘面重量);2—挠度;3—卷轴;4—夹具;5—可调框架

图 3-28　挠度测试装置

图 3-29　水平尺

图 3-30　声级计

3.4.4　生产设备

防火卷帘产品企业生产工艺、过程控制,以及加工方式、生产水平的不同,其生产设备的数量和自动化程度也不尽相同。对生产企业一般常具备的典型生产设备配置汇总如下。

(1)钢质防火卷帘常用生产、加工设备有帘板成型机(图 3-31)、导轨成型机(图 3-32)、底梁成型机、切割和焊接设备等。

(2)无机防火卷帘常用生产、加工、处理设备有导轨成型机、底梁成型机、夹板成型机、夹板吊装安装装置(图 3-33)、缝纫设备(图 3-34)、切割和焊接设备等。

图 3-31　帘板成型机

图 3-32　导轨成型机

图 3-33　夹板吊装安装装置

图 3-34　缝纫设备

3.5　防火锁产品

3.5.1　出厂检验项目

《防火门》(GB12955—2008)第 5.3.1 条规定:防火门安装的门锁应是防火锁。防火锁应经国家认可授权的检测机构检验合格,其耐火性能应符合附录 A 的规定。附录 A 对防火锁的耐火性能提出了要求并提供了试验方法,防火锁的牢固度、灵活度和外观质量要求和试验方法参考 QB/T 2474 的规定,详见表 3-10。

表 3-10 防火锁出厂检验项目

序号	检验项目	检验要求	条款	测量
1	外观质量	锁头平整光洁,以锁芯槽为基准与商标歪斜不大于3° 钥匙平整光洁,商标清晰、端正 面板平整光洁,商标清晰、端正,不得有明显的铆接痕迹 锁舌缩回后,方舌顶端与面板相平,高出面板不超过 1 mm 斜舌高出或低于面板不超过 0.5 mm 电镀件表面色泽均匀,不得有起壳、气泡和露底 抛光件表面粗糙度 Ra 不大于 0.8 um;砂光件表面粗糙度 Ra 不大于 6.3 um;机加工件表面粗糙度 Ra 不大于 12.5 um。涂漆件外观;电镀层外观	4.4.1 至 4.4.7	角度尺、秒表、粗糙度比较样块、防火安装夹具
2	牢固度	锁铆接件无松动	4.2.9	
3	灵活度	钥匙拔出静拉力小于等于 8 N 斜舌开启灵活 斜舌轴向静载荷为 3 N~12 N 斜舌闭合力不大于 50 N 用钥匙或旋钮开启锁舌灵活,单锁头在旋进锁体两面应能正常开启 执手装入锁体后转动灵活 锁体内活动部位应加入润滑剂	4.3.1 至 4.3.7	试验夹具、推拉力计、
4	锁舌伸出长度	斜舌≥ 11 mm、方、钩舌伸出长度≥ 12.5 mm(与特性表一致)	4.1.4	带深度尺的游标卡尺

3.5.2 进货检验项目

工厂应建立并保持对供应商提供关键元器件和材料的检验或验证的程序及定期确认检验的程序,以确保关键元器件和材料满足认证所规定的要求。防火锁以锁体结构和锁舌伸出长度为关键参数,其余原材料或元器件检验以核查出厂报告、外观和尺寸及偏差为主,常见进货检验要求举例见表3-11。

表 3-11 防火锁进货检验项目(举例)

序号	检验项目		要求	测量
1	钢板	外观	观察其表面是否平滑,有无凹陷或毛刺	目测
		尺寸	测其尺寸、厚度是否分别与报告一致	数显游标卡尺
		材质	304 不锈钢	供应商检验报告
2	冷轧铁板	外观	观察其表面是否平滑,有无凹陷或毛刺	目测
		尺寸	测其尺寸、厚度是否与报告一致	数显游标卡尺
		材质	单光冷轧铁板(普通碳素结构钢)	供应商检验报告

续表

序号	检验项目		要求	测量
3	铜棒	外观	观察其表面是否平滑,无弯曲	目测
		尺寸	测其尺寸,直径 16 mm、20 mm、22 mm、25 mm、35 mm	数显游标卡尺
		材质	Hpb59-2	供应商检验报告
4	前后面板	外观	观察其表面是否平滑规整,有无凹陷或毛刺	手感、目测
		尺寸	测其尺寸是否与图纸相符	数显游标卡尺
		光亮度	观察其舌面是否光亮	目测
5	前拉手	外观	观察其表面是否平滑规整,有无凹陷或毛刺	目测、手感
		尺寸	测其尺寸是否与图纸相符	数显游标卡尺
		光亮度	观察其舌面是否光亮	目测
6	把手	外观	观察其表面是否平滑,有无凹陷或毛刺	目测
		性能	晃动感觉其松紧度是否有摩擦、黏连、过松现象	手感
		光滑度	其表面是否光亮见影,是否手感平滑无摩擦感	目测、手感
		尺寸	测其尺寸是否与图纸相符	数显游标卡尺
7	前后拨手	外观	观察其表面是否平滑,有无凹陷或毛刺	目测
		光滑度	其表面是否光亮见影,是否手感平滑无摩擦感	目测、手感
		尺寸	测其尺寸是否与图纸相符	数显游标卡尺

3.5.3　检验设备及准确度

根据防火锁产品出厂及进货检验项目的检验要求和试验方法,对生产企业一般常具备的典型检验工具、设备配置及准确度汇总如下。

(1)尺寸测量工具:钢卷尺 1 mm、游标卡尺(带深度尺)0.02 mm。

(2)角度尺 1°(图 3-35)、推拉力计 1 N、粗糙度比较样块(图 3-36)、防火锁安装试验夹具。

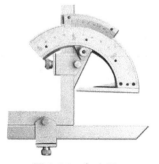

图 3-35　角度尺

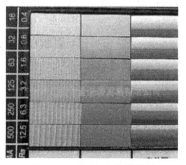

图 3-36　粗糙度比较样块

3.5.4　生产设备

防火锁产品企业生产工艺、过程控制,以及加工方式、生产水平的不同,其生产设备的数量和自动化程度也不尽相同。对生产企业一般常具备的典型生产设备配置进行汇总如下。

（1）防火锁的面板、把手、锁芯等部件常为外采,企业通常只有组装过程,组装线如图 2-37 所示。

（2）若面板、把手、锁芯等部件为自生产加工,除了有组装工序外,还通常配备锁具零件冲压设备（图 3-38）及模具、钣金下料、成型、冲孔、倒角、焊接、铆接设备及表面处理工艺。

图 3-37　组装线

图 3-38　冲压设备

3.6　防火门闭门器

3.6.1　出厂检验项目

《防火门闭门器》（GA 93—2004）标准中 9.1 条款规定的防火门闭门器产品出厂检验项目包括:6.1.2、6.1.3、6.1.4、6.1.5、6.1.6、6.1.7,详见表 3-12。

表 3-12　防火门闭门器出厂检验项目

序号	检验项目	要求	条款	测量
1	常温下的运转性能	防火门闭门器使用时应运转平稳、灵活,其储油部件不应有渗漏现象	6.1.2	防火门、门扇配重

序号	检验项目	要求		条款	测量
2	常温下的开启力矩	规格代号	开启力矩/(N·m)	6.1.3	防火门、门扇配重、测力计及挂钩、位移计
		2	≤25		
		3	≤45		
		4	≤80		
		5	≤100		
		6	≤120		
3	常温下的最大关闭时间	常温下的最大关闭时间不应小于20 s		6.1.4	防火门、门扇配重、秒表
4	常温下的最小关闭时间	常温下的最小关闭时间不应大于3 s		6.1.5	防火门、门扇配重、秒表
5	常温下的关闭力矩	规格代号	开启力矩/(N·m)	6.1.6	防火门、门扇配重、测力计及挂钩、位移计
		2	≥10		
		3	≥15		
		4	≥25		
		5	≥35		
		6	≥45		
6	常温下的闭门复位偏差	常温下的闭门复位偏差不应大于0.15º		6.1.7	防火门、门扇配重、刻度盘

3.6.2　进货检验项目

工厂应建立并保持对供应商提供关键元器件和材料的检验或验证的程序及定期确认检验的程序,以确保关键元器件和材料满足认证所规定的要求。防火门闭门器以关闭力矩关键参数为主,其余原材料或元器件检验以核查出厂报告、外观和尺寸及偏差为主,常见进货检验要求举例见表3-13。

表3-13　防火门闭门器进货检验项目(举例)

序号	检验项目	要求	测量
1	壳体	两端安装孔位间的距离、纵孔直径、其他尺寸符合工艺图纸尺寸 钝角倒钝,壳体表面平整,无明显凹坑不平 商标清晰	钢卷尺、游标卡尺

续表

序号	检验项目	要求	测量
2	摇臂	方孔尺寸、厚度、调整杆符合工艺图纸要求	目测、手触
		调整杆螺丝与螺纹间配合灵活、紧密 各活动部件应转动灵活	
		抛光电镀后，要求抛光细腻、无麻点、沙孔、拉丝均匀、平整、电镀层光泽光亮均匀，无露镀、起泡、起壳现象	
3	弹簧	材质符合相关标准	钢卷尺、游标卡尺
		弹簧的长度和圈数、弹簧的直径	
		表面应光滑平整，无明显硬伤缺料	
4	密封圈	型圈的材质和直径	钢卷尺、游标卡尺

3.6.3 检验设备及准确度

根据防火门闭门器产品出厂及进货检验项目的检验要求和试验方法，对生产企业一般常具备的典型检验工具、设备配置及准确度汇总如下。

（1）尺寸测量工具：钢卷尺1 mm、游标卡尺（带深度尺）0.02 mm。

（2）性能测试试验装置（图3-39）：安装用防火门（门扇最小尺寸450 mm×1 000 mm，门扇质量40 kg）、门扇配重1 kg（增加门扇质量以适应不同规格防火门闭门器的要求）、秒表、测力计2 N、位移计0.01 mm、刻度盘1°。

图3-39 闭门器性能测试试验装置

（3）如果企业闭门器壳体、摇臂等元件为自生产自加工，还需对原材料的材质、厚度及成型件的尺寸公差和表面处理进行控制。

3.6.4　生产设备

防火门闭门器产品企业生产工艺、过程控制,以及加工方式、生产水平的不同,其生产设备的数量和自动化程度也不尽相同。对生产企业一般常具备的典型生产备配置汇总如下。

(1)闭门器的壳体、摇臂、齿轴、弹簧、调节阀等部件常为外协,企业通常只有抽真空、注油、组装过程,需配置抽真空注油机(图 3-40)和组装线(图 3-41)。

图 3-40　抽真空注油机　　　　　　　图 3-41　组装线

(2)若闭门器的壳体、摇臂、齿轴、活塞、弹簧、调节阀等部件常为自生产加工,除了有组装工序外,还通常配备壳体铸造线(图 3-42)、冲压设备、模具(图 3-43)、钣金下料、成型、冲孔、倒角设备及表面处理工艺。

图 3-42　壳体铸造线　　　　　　　　图 3-43　模具

3.7　防火玻璃

3.7.1　出厂检验项目

目前纳入 CCC 认证的防火玻璃只有复合型防火玻璃,其产品标准《建筑用安全玻璃 第 1 部分:防火玻璃》(GB 15763.1—2009)标准中 8.1.1 条款规定的防火玻璃产品出厂检验项目包括:6.1、6.2、6.3,详见表3-14。

表3-14　防火玻璃出厂检验项目

序号	检验项目		要求			条款	测量
1	外观质量	气泡	直径300 mm的圆内允许长0.5~1.0 mm的气泡1个			6.1	目测
		胶合杂质	直径500 mm的圆内允许长2.0 mm以下的杂质2个				
		划伤	宽度≤0.1 mm、长度≤50 mm的轻微划伤,每平方米面积内不超过4条				
			0.1 mm<宽度≤0.5 mm、长度≤50 mm的轻微划伤,每平方米面积内不超过1条				
		爆边	每米边长允许有长度不超过20 mm、自边部向玻璃表面延伸深度不超过厚度一半的爆边4个				
		叠差、裂纹、脱胶	脱胶、裂纹不允许存在,总叠差不应大于3 mm				
2	尺寸、厚度允许偏差	公称厚度/d	长度或厚度l允许偏差/mm		厚度允许偏差/mm	6.2	钢卷尺千分尺
			l≤1 200	1 200<l≤2 400			
		17≤d<24	±4	±5	±1.3		
		24≤d<35	±5	±6	±1.5		
3	弯曲性	弓形弯曲度<0.3%、波形弯曲度<0.2%				6.3	钢直尺塞尺

3.7.2　进货检验项目

工厂应建立并保持对供应商提供关键元器件和材料的检验或验证的程序及定期确认检验的程序,以确保关键元器件和材料满足认证所规定的要求。防火玻璃以内灌注的复合防火材料为关键原材料,一般核实其配方原料的规格参数及供应商,其余原材料或元器件检验以核查出厂报告、外观和尺寸及偏差为主。

3.7.3　检验设备及准确度

根据防火玻璃产品出厂及进货检验项目的检验要求和试验方法,对生产企业一般常具备的典型检验工具、设备配置及准确度汇总如下。

(1)尺寸测量工具:钢卷尺1 mm、游标卡尺(带深度尺)0.02 mm,钢直尺1 mm,塞尺0.1 mm。

(2)原材料称重设备:磅秤1 kg、弯曲度测量用钢直尺或金属丝。

3.7.4　生产设备

防火玻璃产品企业生产工艺、过程控制以及加工方式、生产水平的不同,其生产设备的数量和自动化程度也不尽相同。对生产企业一般常具备的典型生产设备配置进行汇总如下。

(1)玻璃原片的切割工具(图 3-34)、玻璃清洗机(图 3-35)。

图 3-44　玻璃切割机

图 3-45　玻璃清洗机

(2)用于复合材料制作的搅拌装置、填充材料的灌注设备(漏斗、引管等)及填充后的固化平台。

3.8　防火玻璃非承重隔墙

3.8.1　出厂检验项目

《防火玻璃非承重隔墙通用技术条件》(GA 97—1995)标准中 7.1.1 条款规定的防火玻璃产品出厂检验项目包括:全检项目 5.2、5.3,详见表 3-15。

表 3-15 防火玻璃出厂检验项目

序号	检验项目		要求			条款	测量
1	外观质量		防火玻璃、框架的外观质量			5.2	钢卷尺、游标卡尺
2	槽口长度或高度	要求	制作规格 /mm	≤ 1 500	> 1 500	5.3.2	钢卷尺、游标卡尺
			尺寸偏差范围	± 3.0 mm	± 4.0 mm		
		方法	采用卷尺对制作成形的框架的长度或高度进行测量,结果应符合规定要求				
	框架侧壁宽度	要求	尺寸偏差范围应在 ± 2.0 mm 范围内				
		方法	采用卷尺对制作成形的框架的侧壁宽度进行测量,结果应符合规定要求				
	凹槽深度	要求	尺寸偏差范围应在 ± 2.0 mm 范围内				
		方法	采用卷尺对制作成形的框架的凹槽深度进行测量,结果应符合规定要求				
	框架槽口两对角线长度差	要求	制作规格 /mm	≤ 2 000	> 2 000		
			尺寸偏差范围 mm	≤ 5.0	≤ 6.0		
		方法	采用卷尺对制作成形的框架的槽口两对角线长度进行测量,结果应符合要求。				
	压条与玻璃搭接量	要求	框架压条与玻璃搭接量应在 15 ± 2 mm 范围内				
		方法	采用卡尺对框架压条与玻璃的搭接量进行测量,结果应符合要求				
	相邻分格框架位置的偏移量	要求	两相邻分格框架位置的偏移量应 ≤ 3 mm				
		方法	采用卷尺对两相邻分格框架位置的偏移量进行测量,结果应符合要求				
3	玻璃厚度	要求	防火玻璃的厚度与图纸要求厚度的偏差范围			5.3.1	

3.8.2 进货检验项目

工厂应建立并保持对供应商提供关键元器件和材料的检验或验证的程序及定期确认检验的程序,以确保关键元器件和材料满足认证所规定的要求。防火玻璃非承重隔墙以结构、尺寸及偏差为关键参数,其余原材料或元器件检验常以核查出厂报告、外观和尺寸及偏差为主,常见进货检验要求举例见表 3-16。

表3-16 防火玻璃进货检验项目(举例)

序号	检验项目		要求		测量
边框型材	外观质量	要求	型材外表面不应有裂纹、压坑及明显的凹凸、锤痕、毛刺、孔洞等缺陷 型材表面应做防锈处理,涂层、镀层应均匀,不得有斑剥、流淌现象 型材内石膏板外观质量应完好、紧凑,无松散、发泡现象		钢卷尺、游标卡尺、塞尺、电子天平
		方法	采用目测及手触摸相结合的方法对外观质量进行检验		
	材料厚度	要求	材料名称	冷轧镀锌钢板 钢制连接条	
			尺寸要求/mm	1.5±0.1 0.5±0.05	
		方法	采用游标卡尺对制作型材的冷轧镀锌钢板和钢制连接条的厚度进行测量,各材料的厚度应满足规定的要求		
	填充缝隙	要求	测量过程中,塞尺应无法插入缝隙中		
		方法	用1mm厚塞尺对石膏板与型材内壁的缝隙处进行测量		
	填充材料密度	要求	石膏板的密度应在1 050±10%(kg/m³)范围内		
		方法	从任意3根型材内各取一截相同长度和大小的石膏板,用卡尺测量其长、宽、高计算出体积 v/m^3,用天平或电子称分别称出其质量 m/kg,然后用公式" $\rho=m/v$ "分别计算出密度 $\rho/(kg/m^3)$,然后取3块密度的平均值作为测量结果		
	质量证明		供方需提供该批产品的材质检验报告或出厂合格证		
复合隔热防火玻璃	外观质量	要求	直径300 mm的圆内允许有1个长0.5~1.0 mm的杂质 直径500 mm的圆内允许有2个长2.0 mm以下的杂质 不允许有裂痕、脱胶和裂纹存在 每米边长允许有4个长度不超过20 mm,自边部向玻璃表面延伸深度不超过厚度一半的爆边 叠差总和不应大于3 mm		钢卷尺、游标卡尺
		方法	采用目测和精度小于0.01 mm的数显卡尺对复合型防火玻璃的外观质量进行检测,检测结果应符合规定要求		
	尺寸检验	要求	防火玻璃的尺寸应符合产品图纸要求,长度和宽度偏差不应超过5 mm,厚度偏差不应超过1.5 mm		
		方法	用钢卷尺或钢直尺对防火玻璃的宽度和高度进行测量,厚度用卡尺进行测量,测量结果应符合规定要求		
	结构检验	要求	防火玻璃的结构应与对应的防火窗图纸上描述的结构一致		
		方法	采用目测核对的方式对防火玻璃的结构进行检验,结果应符合要求		
	性能检验	要求	甲级耐火性能≥90 min、乙级耐火性能≥60 min 弯曲度不应超过0.3% 透光 $d>24$ 时,其透光度≥60% 力学性能,经抗冲击试验后,玻璃不能破损,如果破损,钢球不得穿透玻璃		
		方法	用目测的方式核对厂家提供的检测报告,相关性能应符合以上要求		
	质量证明		供方需提供该批产品的出厂合格证或出厂检验报告,首次供货时还应提供该型号产品的CCC证书或型式检验报告(后期提供相同型号的产品则无需再提供CCC证书和型式检验报告)		

3.8.3　检验设备及准确度

根据防火玻璃非承重隔墙出厂及进货检验项目的检验要求和试验方法,对生产企业一般常具备的典型检验工具、设备配置及准确度汇总如下。

（1）尺寸测量工具:钢卷尺 1 mm、游标卡尺（带深度尺）0.02 mm,钢直尺 1 mm,塞尺 0.1 mm。

（2）密度测量工具:电子天平 0.01 g。

（3）若采用阻燃木质门框,还需配备含水率测定仪、波美计、氧指数测定仪等检验设备。

3.8.4　生产设备

防火玻璃非承重隔墙产品企业生产工艺、过程控制以及加工方式、生产水平的不同,其生产设备的数量和自动化程度也不尽相同。对生产企业一般常具备的典型生产设备配置进行汇总如下。

（1）玻璃原片的切割工具、玻璃清洗机,设备参考图 3-45、3-46。

（2）防火玻璃为自生产时,用于玻璃内填充复合材料制的搅拌装置、填充材料的灌注设备（漏斗、引管等）及填充后的固化平台。

（3）钢质门框的剪板机、折弯机、冲压设备,焊接设备等,设备参考图 3-16、3-17、3-18。

（4）若采用阻燃木质门框还需配备:裁板锯、压刨机、平刨机、四面刨机、推台锯、指接机、开榫机、阻燃处理系统等加工处理设备,设备参考图 3-20、3-21、3-22。

3.9　防火卷帘用卷门机

3.9.1　出厂检验项目

《防火卷帘用卷门机》（GA 603—2006）标准中 7.3.1 条款规定的防火门产品出厂检验项目包括:全检项目 5.1、5.2、5.4、5.5、5.6,详见表 3-17。

表 3-17　防火卷帘用卷门机出厂检验项目

序号	检验项目	检验要求		条款	测量
1	外观及零部件	外壳应完整，无缺角和明显裂纹、变形		5.1	采用目测及手触摸相结合的方法进行检查
		涂覆部位表面应光滑，无明显气泡、皱纹、斑剥、流挂等缺陷			
		零部件不应使用易燃和可燃材料制作			
		手动操作部件应便于操作			
		卷门机应设有接地装置和标识，电气接线端应套装耐热绝缘套管，电机出线端子应加装金属接线盒			
2	基本性能	刹车性能	卷门机的刹车部件应工作可靠，在下述情况下刹车滑行位移应符合以下规定： 表格如下	5.2.1	基本性能试验装置、砝码、直尺
			当卷门机静止时，刹车力应不小于 1.5 倍额定输出转矩下重物重力		
			当卷门机反转运行（即释放防火卷帘）时，刹车力应不小于 1.2 倍额定输出转矩下重物重力		
		手动操作性能	卷门机应具有手动操作功能，手动操作应灵活、可靠，启闭防火卷帘运行时，不应出现滑行撞击现象	5.2.2	手动操作卷门机检查卷门机的手动操作性能
		电动操作性能	卷门机应具有电动启闭功能，电动操作时传动部分应运行平稳，不应出现卡滞、振动和异常声响	5.2.3	电动操作卷门机检查卷门机的电动操作性能

刹车性能表格：

卷门机额定输出转矩 T/N.m	滑行位移 /mm
$T \leqslant 750$	20
$750 < T \leqslant 1\ 500$	20
$1\ 500 < T \leqslant 4\ 000$	30
$T > 4\ 000$	60

续表

序号	检验项目	检验要求				条款	测量
2	基本性能	刹车释放臂力和自重下降转矩	卷门机应具有依靠防火卷帘自重下降的功能，刹车释放臂力和自重下降转矩应符合以下规定：			5.2.4	基本性能试验装置、砝码、钢卷尺、测力计
			卷门机额定输出转矩 T/N.m	释放刹车臂力 f_0/N	自下降转矩 T_0/N.m		
			$T \leqslant 750$	$\leqslant 70$	$\leqslant 10$		
			$750 < T \leqslant 1\,500$	$\leqslant 120$	$\leqslant 2\%$ 额定暴转矩		
			$1\,500 < T \leqslant 4\,000$				
			$T > 4\,000$				
		限位性能	卷门机应设有自动限位装置。限位部件应安装准确、运行可靠，并可在一定范围内调整。当防火卷帘启闭至上限、中限、下限位时能自动停止，其重复定位误差应不大于 20 mm			5.2.5	基本性能试验装置、砝码、钢卷尺
3	电源性能	当卷门机电源电压与额定值的偏差不超过（-15%~+10%），电源频率与额定值偏差不超过 ±1% 时，卷门机应能正常运行，其基本性能符合 5.2 要求				5.4	调压电源
4	绝缘性能	卷门机有绝缘要求的外部带电端子与机壳之间绝缘电阻应大于 20 MΩ				5.5	兆欧表
5	耐压性能	卷门机有绝缘要求的外部带电端子与机壳之间应能承受电压为 1 500 V、频率 50 Hz，历时 60 s 的耐压试验。试验期间卷门机不应发生表面飞弧、扫掠放电、电晕和击穿现象，试验后其基本性能应符合 5.2 的要求				5.6	调压电源

3.9.2　进货检验项目

工厂应建立并保持对供应商提供关键元器件和材料的检验或验证的程序及定期确认检验的程序，以确保关键元器件和材料满足认证所规定的要求。防火卷帘用卷门机以电机为关键件，以输出扭矩为关键参数，其余原材料或元器件检验以核查出厂报告、外观和尺寸及偏差为主。

3.9.3　检验设备及准确度

防火卷帘用卷门机出厂及进货检验项目的检验要求和试验方法，对生产企业一般常具备的典型检验工具、设备配置及准确度汇总如下。

（1）尺寸测量工具：钢卷尺 5 mm、直尺 1 mm、游标卡尺 0.02 mm；

（2）电压调压设备、兆欧表（图 3-46）1 Ω、测力计 2 N、万用表（图 3-47）、基本性能试验装置、砝码 1 kg、秒表等。

图 3-46　兆欧表

图 3-47　万用表

防火卷帘门用卷门机基本性能试验装置示意图如 3-49 所示。

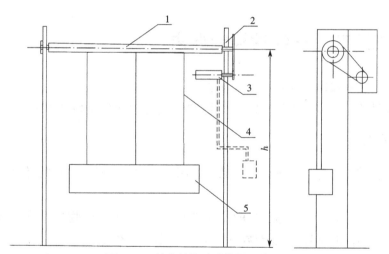

图 3-49　基本性能试验装置示意图

1—卷轴；2—支架；3—卷门机；4—钢丝绳；5—砝码或重物；h—设备高度

3.9.4　生产设备

防火卷帘用卷门机产品企业生产工艺、过程控制以及加工方式、生产水平的不同，其生产设备的数量和自动化程度也不尽相同。此产品零部件多为外部采购，因此组装和调试为关键工序，配有少量的小型机加工设备、组装线和调试系统。

第 4 章　产品一致性控制要求

4.1　概念及定义

产品一致性是指批量生产的产品与认证型式检验合格样品的符合程度,产品一致性要求一般由产品认证实施规则、产品认证实施细则、相关标准及认证机构有关要求规定。

消防产品认证实施细则对认证产品的一致性控制作了相关要求:"工厂应对批量生产产品与型式试验合格的产品的一致性进行控制,以使认证产品持续符合规定的要求。"

4.2　工厂产品一致性控制要求

工厂产品一致性控制的目的是为保证工厂批量生产的认证产品与认证时型式检验合格样品的一致性。认证产品一致性控制程序文件示例见附录 4-A。

4.2.1　产品一致性控制文件

工厂应建立并保持认证产品一致性控制文件,产品一致性控制文件至少应包括以下内容。

(1)针对具体认证产品型号的设计要求、产品结构描述、物料清单(应包含所使用的关键元器件的型号、主要参数及供应商)等技术文件。

(2)针对具体认证产品的生产工序工艺、生产配料单等生产控制文件。

(3)针对认证产品的检验(包括进货检验、生产过程检验、成品例行检验及确认检验)要求、方法及相关资源条件配备等质量控制文件。

(4)针对获证后产品的变更(包括标准、工艺、关键件等变更)控制、标志使用管理等程序文件。

产品设计标准或规范应是产品一致性控制文件的其中一个内容,其要求应不低于该产品认证实施规则中规定的标准要求。

认证产品一致性控制程序示例见附录 4-A。

4.2.2　批量生产产品的一致性

工厂应采取相应的措施,确保批量生产的认证产品至少在以下方面与型式检验合格样品保持一致。

（1）认证产品的铭牌、标志、说明书和包装上所标明的产品名称、规格和型号。

（2）认证产品的结构、尺寸和安装方式。

（3）认证产品的主要原材料和关键件。

4.2.3　关键件和材料的一致性

工厂应建立对供应商提供的关键元器件和材料的检验或验证的程序,以确保关键件和材料满足认证所规定的要求,并保持其一致性。

关键件和材料的检验可由工厂进行,也可由供应商完成。当由供应商检验时,工厂应对供应商提出明确的检验要求。

工厂应保存关键件和材料的检验或验证记录、供应商提供的合格证明及有关检验数据等。

4.2.4　例行检验和确认检验

工厂应建立并保持文件化的例行检验和确认检验程序,以验证产品满足规定的要求,并保持其一致性。检验程序中应包括检验项目、内容、方法、判定准则等。应保存检验记录。工厂生产现场应具备例行检验项目的检验能力。

4.2.5　产品变更的一致性控制

工厂建立的文件化变更控制程序应包括产品变更后的一致性控制内容。获证产品涉及认证实施细则规定的变更,经评定中心批准执行后,工厂应通知到相关职能部门、岗位和 / 或用户,并按变更实行产品一致性控制。

4.3　产品一致性检查的主要内容

产品的一致性检查一般从铭牌标志、关键元器件和关键原材料、产品特性等方面进行。认证产品一致性检查表示例见附录 4-B。

4.3.1　铭牌标志

铭牌标志一致性检查包括以下内容。

（1）产品名称。

（2）规格型号。

（3）制造商、工厂、持证人（必要时）。

（4）按有关规定、标准或文件要求，应施加的符号、标志等。

（5）警告用语（必要时）。

（6）说明书中对安装的说明和警告，对使用的说明和警告。

（7）使用语言（中文）。

4.3.1.1　防火窗铭牌

防火窗铭牌一般包含以下内容：产品名称、型号规格、生产者和/或生产企业名称、执行标准、生产批号、出厂日期等。

目前 CCC 认证的防火窗典型的产品名称有：钢质隔热防火窗、木质隔热防火窗、钢木质隔热防火窗、其他材质隔热防火窗。防火窗的型号规格表示方法和一般洞口尺寸系列应符合国家标准《建筑门窗洞口尺寸系列规范》GB/T 5824—2008 的规定，特殊洞口尺寸由生产单位和顾客按需要协商确定。举例说明：①防火窗的型号规格为 MFC 0909-D-A1.50（甲级），表示木质防火窗，规格型号为 0909（即洞口标志宽度900 mm，标志高度 900 mm），使用功能为固定式，耐火等级为 A1.50（甲级）（即耐火隔热性≥ 1.50 h 且耐火完整性≥ 1.50 h）；②防火窗的型号规格为 GFC 1521-H-C1.00，表示钢质防火窗，规格型号为 1521（即洞口标志宽度 1 500 mm，标志高度 2 100 mm），使用功能为活动式，耐火等级为 C1.00（即耐火完整性时间≥ 1.00 h）。

铭牌上的生产者、生产企业名称应与防火窗认证申请材料、企业注册文件一致。生产者也叫制造商，一般是指对产品进行开发设计、对产品质量进行控制，并负责对产品进行销售的组织。生产企业，也叫生产厂，一般是指按照生产者的要求对产品进行生产和加工的企业。防火窗的执行标准为国家标准《防火窗》（GB 16809—2008）。生产批号是指每个批次的产品所对应的生产编码。在产品生产过程中，虽然工艺相同，但不同批次的原材料生产出来的产品，在质量和性能上还是有差异的，为了将来产品出现问题时可以查明原因、厘清责任并进行召回或补救，实现可追溯性，就必须给每个批次的产品设置一个生产批号。出厂日期是指产品在生产线上完成所有工序，经过检验合格并包装成为可在市场上销售的成品后运出生产企业的时间。

4.3.1.2　防火门铭牌

防火门铭牌一般包含以下内容：产品名称、型号规格、商标、生产者和/或生产企业名称、厂址、出厂日期、生产批号、执行标准等。

目前 CCC 认证的防火门典型的产品名称有：钢质隔热防火门、木质隔热防火门、钢木质隔热防火门以及其他材质隔热防火门。防火门的型号规格举例说明：①防火门的型号规格为 GFM-1024-bdlk5 A1.50（甲级）-1，表示隔热（A 类）钢质防火门，其洞口宽度为 1 000 mm,洞口高度为 2 400 mm,门扇镶玻璃、门框单槽口、带亮窗、有下框、门扇顺时针方向关闭,耐火完整性和耐火隔热性的时间均不小于 1.50 h 的甲级单扇防火门;②防火门的型号规格为 MFM-1821-bsk6 A1.00(乙级)-2。表示隔热(A 类)木质防火门,其洞口宽度为 1 800 mm,洞口高度为 2 100 mm,门扇镶玻璃、门框双槽口、无亮窗、有下框、门扇逆时针方向关闭,耐火完整性和耐火隔热性的时间均不小于 1.00 h 的乙级双扇防火门。商标一般是由文字、图形、字母、数字、三维标志、颜色等要素组合而成的,是生产者、经营者把自己的产品或服务区别于其他产品或服务的标记。当商标使用时,要用"R"或"注"明示,意指注册商标,且注册授权范围应该包含所标记的产品或服务。厂址是指生产企业的具体地址,一般精确至门牌号,并与认证申报材料一致。防火门的执行标准为国家标准《防火门》(GB 12955—2008)。

4.3.1.3　防火卷帘铭牌

防火卷帘铭牌一般包含以下内容:产品名称、型号规格、商标、生产者和/或生产企业名称、出厂日期、生产批号、电机功率、执行标准等。

目前 CCC 认证的防火卷帘典型的产品名称有:钢质防火卷帘、钢质防火、防烟卷帘和特级防火卷帘。防火卷帘的型号规格举例说明:①防火卷帘的型号规格为 GFJ-300300-F3-CZ-D-80,表示洞口宽度为 300 cm,高度为 300 cm,耐火极限不小于 3.00 h,启闭方式为垂直卷,帘面数量为一个,耐风压强度为 80 型的钢质防火卷帘。②防火卷帘的型号规格为 TFJ(W)-300300-TF3-Cz-S-300,表示帘面由无机纤维制造,洞口宽度为 300 cm,高度为 300 cm,耐火极限不小于 3.00 h,启闭方式为垂直卷,帘面数量为两个,帘面间距为 300 mm 的特级防火卷帘。防火卷帘的电机功率是指防火卷帘采用的防火卷帘用卷门机电机的额定输出功率。防火卷帘的执行标准为国家标准《防火卷帘》(GB 14102—2005)。

4.3.1.4　防火卷帘用卷门机铭牌

防火卷帘用卷门机铭牌一般包含以下内容:产品名称、型号规格、生产者和/或生产企业名称、出厂日期、生产批号、额定工作电压、频率、电机功率等。

目前 CCC 认证的防火卷帘用卷门机典型的产品名称为防火卷帘用卷门机。防火卷帘用卷门机的型号规格举例说明:防火卷帘用卷门机的型号规格为 FJJ 343-3P-SSL,表示三相工作电源,额定输出转矩为 343(N·m),制造商自定义代号为 SSL 的卷门机。额定工作电压和频率是指防火卷帘用卷门机在额定工作状态下工作时所适用的电源电压和频率。电机功率是指防火卷帘用卷门机所采用的电机的额定输出功率。

4.3.1.5　其他建筑耐火构件类产品铭牌

其他产品如防火锁、防火门闭门器、防火玻璃、防火玻璃非承重隔墙等产品标准中并未对铭牌的内容做出规定,但一般也会包含产品名称、型号规格、生产者和/或生产企业名称、出厂日期、生产批号等内容。

4.3.2 关键元器件和关键原材料

产品的关键元器件和关键原材料的一致性检查包括以下几个方面。

（1）产品名称。

（2）规格型号。

（3）制造商、工厂。

（4）技术参数（必要时）。

不同建筑耐火构件产品的关键元器件和关键原材料见表4-1。

表 4-1　不同建筑耐火构件产品的关键元器件和关键原材料

产品名称	认证依据	单元划分原则	关键元器件／原材料
防火窗	GB 16809—2008	材质、耐火等级、结构形式、密封材料种类和设置位置不同不能作为同一个认证	启闭控制装置
防火门	GB 12955—2008	材质、耐火等级、结构形式不同不能作为同一个认证单元内填充工艺不同不能作为同一个认证单元	门扇内填充材料
防火门闭门器	GA 93—2004	结构形式安装形式、使用寿命、材质、规格型号不同不能作为同一个认证单元	／
隔热型防火玻璃	GB 15763.1—2009	结构形式、材质、耐火等级不同不能作为同一个认证单元	复合防火材料
防火玻璃非承重隔墙	GA 97—1995	材质、耐火等级、结构形式、密封材料种类和设置位置不同不能作为同一个认证单元	／
防火卷帘	GB 14102—200	耐风压强度、帘面数量、启闭方式、耐火性能、材质、规格型号、结构形式不同不能作为同一个认证单元 制造、装配工艺不同不能作为同一个认证单元	无机纤维复合帘面、温控释放装置
防火卷帘用卷门机	GA 603—2006	额定输出转矩、工作电源相数、电机功率、结构形式不同不能作为同一个认证单元 端板附件不同不能作为同一个认证单元	电机

4.3.3 产品特性

产品特性的一致性检测包括以下几个方面。

（1）产品的关键设计。

（2）产品的配方配比。

（3）产品的关键工艺。

（4）产品的内、外部结构。

不同建筑耐火构件产品的产品特性参数见表4-2。

表 4-2　不同建筑耐火构件产品的产品特性参数

产品名称	认证依据	产品特性参数
防火窗	GB 16809—2008	窗框的材质与结构 窗扇框架的材质与结构（适用时） 防火玻璃的厚度与结构 密封材料的设置
防火门	GB 12955—2008	外形尺寸 门扇结构 门框结构 双扇门中缝连接方式（适用时） 防火玻璃透光尺寸及结构（适用时） 门扇厚度 门框侧壁宽度 防火密封件设置 门扇内填充材料填充工艺 盖缝板规格尺寸（适用时）
防火门闭门器	GA 93—2004	关闭力
隔热型防火玻璃	GB 15763.1—2009	复合防火玻璃结构
防火玻璃 非承重隔墙	GA 97—1995	外形尺寸 结构形式（图纸） 防火玻璃的种类、规格型号、透光尺寸 框架侧壁宽度 防火密封材料设置
防火卷帘	GB 14102—200	钢质帘板结构、帘板材料规格型号、耐火填充材料规格型号及填充密度 双轨帘面间距 帘面夹板尺寸及间距
防火卷帘用卷门机	GA 603—2006	额定输出转矩

4.4　产品一致性检查的要求

产品一致性检查的目的是确定批量生产的产品特性与型式检验合格样品特性的符合性。

4.4.1　核查内容

产品一致性检查应包含以下内容。

（1）产品名称、型号规格与产品认证规则、产品标准、认证证书的符合性。

（2）产品的铭牌标志与产品标准要求、检验报告、产品使用说明书、产品特性文件表的符合性。

（3）产品关键件和材料的名称、型号规格、生产厂名称与型式检验报告描述、特性文件描述以及企业对关键件和材料供应商控制的符合性。

（4）产品特性参数与产品标准要求、检验报告、产品特性文件表的符合性。

（5）产品主要生产工艺与企业产品工艺文件、产品特性文件表的符合性。

4.4.2　检查方法

产品一致性检查应使用以下方法。

（1）通过核对抽取样品产品铭牌标志、认证规则、产品标准、产品使用说明书、产品特性文件表、产品工艺文件及图纸等技术文件的方法检查。

（2）通过现场试验验证的方法判定产品的一致性。

（3）必要时通过抽取样品送检的方法判定产品的一致性。

4.4.3　判定原则

核查内容中如有一项不符合，就判定该产品一致性检查不符合。建筑耐火构件的一致性检查记录表格见附录 4-B。

4.5　一致性不符的情况

判断产品一致性不符合的几种情况：

（1）产品铭牌标志、说明书内容等与型式检验样品不符；

（2）产品的关键设计、配方配比、关键工艺与型式检验样品的关键设计、配方配比、关键工艺不符；

（3）产品内、外部结构与型式检验样品不符；

（4）产品特性的指定检验不合格；

（5）违反认证实施规则的特定条款；

（6）违反认证机构特殊检查规定；

（7）涉及产品一致性的变更未得到认证机构批准；

（8）其他与检查准则不一致的情况。

4.6　产品变更的一致性控制

消防产品获证后，其一致性和一致性影响因素并非不能变更，但变更的内容、程度和步骤需要按照认证规则和认证实施细则的要求进行控制。消防产品认证实施细则对获证产品的变更控制做了相关要求。

工厂应建立并保持文件化的变更控制程序,确保认证产品的设计、采用的关键件和材料以及生产工序工艺、检验条件等因素的变更得到有效控制。获证产品涉及到如下的变更,工厂在实施前应向评定中心申报,获得同意后方可执行:

(1)产品设计(原理、结构等)的变更;

(2)产品采用的关键件和关键材料的变更;

(3)关键工序、工序及其生产设备的变更;

(4)例行检验和确认检验条件和方法变更;

(5)生产场所搬迁、生产质量体系换版等变更;

(6)其他可能影响与相关标准的符合性或型式检验样机的一致性的变更。

因此,工厂应建立并实施对产品铭牌标志、关键元器件和材料、产品特性等影响产品一致性保持因素的变更进行有效控制的程序及规定。工厂对认证产品一致性的变更控制程序及规定应经认证机构审查同意。工厂拟变更获证产品的关键元器件和材料、产品特性时,应按认证机构规定的检验项目和有关要求进行检验,检验合格后经认证机构批准方可变更并应保存变更申请资料和认证机构的批准文件。未经认证机构批准,工厂不应在已实施变更的产品上加贴认证标志。

附录 4-A

认证产品一致性控制程序

A.1　目的

确保批量生产产品的结构、工艺、关键件、材料与型式检验合格样品的一致,使认证产品持续符合认证规定的要求。

A.2　适用范围

适用于本公司生产的防火窗、防火门产品的一致性控制。

A.3　职责

(1)质检部是本程序的归口管理部门,负责产品标志的一致性控制、产品的检验和试验及一致性检查。

(2)质量负责人负责批准认证产品的一致性要求。

(3)质检部负责认证产品一致性要求及产品结构的一致性控制。

(4)生产部负责认证产品所用的关键元器件和材料的一致性控制。

(5)生产部负责所生产的产品一致性控制。

A.4　工作程序

A.4.1　产品的一致性要求

公司所生产的认证产品应符合下列要求。

(1)认证产品的结构和主要技术参数应与型式检验合格样品一致。

(2)认证产品所用的关键元器件和材料应与型式检验及申报并经认证机构确认的产品特性文件一致。

(3)认证产品的标志(铭牌、型号规格)应与型式检验检测报告所阐明的一致。

A.4.2　产品的一致性控制

(1)生产部根据产品的一致性要求负责编制《产品特性文件表》,明确认证产品的一致性内容及其要求,经质量负责人批准后按《文件控制程序》规定发放到有关部门实施。

(2)生产部确保认证产品结构及技术参数符合《产品特性文件表》,不符合《产品特性文件表》的按 A.4.5 规定进行控制。

A.4.3　对关键材料的一致性控制

(1)采购部不应随便更换关键材料供应商。如需更换供应商,由质量负责人向认证机构提出申请,申报有关资料。根据变更内容和提供资料进行审核,确认是否变更或重新送样检测。变更申请经认证机构批准方可变更。

(2)质检部应对每批关键部件检验并记录。检测项目应严格按照《进货检验规程》执行。

（3）关键部件每年应进行定期确认检验，或生产商提供第三方检查报告检测项目和要求与提供的资料一致。

（4）质检部必须有关键器件供应商的日常供货记录和材料质量记录，保证材料应与型式检验时样品一致，持续符合要求。

A.4.4 批量生产的一致性控制

（1）生产部负责对认证产品一致性的生产工艺进行策划，提供合格的产品图纸、关键原材料清单、同一申请单元内各型号产品之间的差异说明，保证生产的产品与认证的产品完全一致，确保生产的产品持续符合认证产品的规定。

（2）生产过程的关键工序应严格按照作业指导书进行作业，从事关键工序必须有相应的操作能力；关键工序在产品的生产流程中要有明显标示。

（3）生产部根据国家标准、法律法规及产品图纸、文件编制作业指导书，作业指导书应规定相应工艺的步骤、方法、要求和结果判断。

（4）在生产流程中的关键工序、质量控制点设立过程检验，确保最终产品与认证产品一致；过程检验要规定应检验的项目、方法和要求。

A.4.5 异常处理

（1）当发现产品的一致性有异常时，应立刻停止生产，并查找分析原因，责令责任部门或相关人员进行整改，并追溯异常的产品进行标识、隔离，采取相应的整改措施，整改后须经质检部确认与认证样机一致后方可恢复生产。

（2）异常的产品要经相应处理，达到型式试验合格样品的一致性要求，才可投入生产线。

（3）根据不合格品的性质采取相应的纠正预防措施，防止类似问题再次发生。

附录 4-B

表 4-3　防火窗产品一致性检查表

受检查方： 填表时间：　年　月　日

产品名称、型号规格			
检查项目	检查内容	检查结论	不合格事实描述
铭牌标志	产品名称、型号规格、生产者和／或生产企业名称、标志、警告用语（适用时）、产品使用说明书等	□符合 □不符合	
关键原材料	启闭控制装置名称、规格型号、生产单位（适用时）	□符合 □不符合	
产品特性参数	窗框的材质与结构 窗扇框架的材质与结构（适用时） 防火玻璃的厚度与结构 密封材料的设置	□符合 □不符合	
综合结论	□ 符合认证要求　　□ 不符合认证要求		

检查人员：

检查地点：

表 4-4　防火门产品一致性检查表

受检查方： 填表时间：　年　月　日

产品名称、型号规格			
检查项目	检查内容	检查结论	不合格事实描述
铭牌标志	产品名称、型号规格、生产者和／或生产企业名称、标志、警告用语（适用时）、产品使用说明书等	□符合 □不符合	
关键原材料	门扇内填充材料种类、型号规格、生产单位	□符合 □不符合	

续表

产品名称、型号规格			
产品特性参数	外形尺寸 门扇结构 门框结构 双扇门中缝连接方式（适用时） 防火玻璃透光尺寸及结构（适用时） 门扇厚度 门框侧壁宽度 防火密封件设置 门扇内填充材料填充工艺 盖缝板规格尺寸（适用时）	□符合 □不符合	
综合结论	□ 符合认证要求　　□ 不符合认证要求		

检查人员：

检查地点：

表4-5　防火锁产品一致性检查表

受检查方：　　　　　　　　　　　　　　　　　　　　　　　填表时间：　年　月　日

产品名称、型号规格			
检查项目	检查内容	检查结论	不合格事实描述
铭牌标志	产品名称、型号规格、生产者和／或生产企业名称、标志、警告用语（适用时）、产品使用说明书等	□符合 □不符合	
产品特性参数	锁体结构 各锁舌伸出长度	□符合 □不符合	
综合结论	□ 符合认证要求　　□ 不符合认证要求		

检查人员：

检查地点：

表4-6　防火门闭门器产品一致性检查表

受检查方：　　　　　　　　　　　　　　　　　　　　　　　填表时间：　年　月　日

产品名称、型号规格			
检查项目	检查内容	检查结论	不合格事实描述
铭牌标志	产品名称、型号规格、生产者和／或生产企业名称、标志、警告用语（适用时）、产品使用说明书等	□符合 □不符合	
产品特性参数	关闭力	□符合 □不符合	

续表

产品名称、型号规格	
综合结论	□ 符合认证要求　　　□ 不符合认证要求

检查人员：

检查地点：

表 4-7　隔热型防火玻璃产品一致性检查表

受检查方：　　　　　　　　　　　　　　　　　　　　　　　　填表时间：　年　月　日

产品名称、型号规格			
检查项目	检查内容	检查结论	不合格事实描述
铭牌标志	产品名称、型号规格、生产者和／或生产企业名称、标志、警告用语（适用时）、符号、产品说明书等	□符合 □不符合	
关键元器件	复合防火材料的种类、规格、生产单位	□符合 □不符合	
产品特性参数	复合防火玻璃结构图	□符合 □不符合	
综合结论	□ 符合认证要求　　　□ 不符合认证要求		

检查人员：

检查地点：

表 4-8　防火玻璃非承重隔墙产品一致性检查表

受检查方：　　　　　　　　　　　　　　　　　　　　　　　　填表时间：　年　月　日

产品名称、型号规格			
检查项目	检查内容	检查结论	不合格事实描述
铭牌标志	产品名称、型号规格、生产者和／或生产企业名称、标志、警告用语（适用时）、产品使用说明书等	□符合 □不符合	
产品特性参数	外形尺寸 结构形式（图纸） 防火玻璃的种类、规格型号、透光尺寸 框架侧壁宽度 防火密封材料设置	□符合 □不符合	
综合结论	□ 符合认证要求　　　□ 不符合认证要求		

检查人员：

检查地点：

续表

表4-9 防火卷帘产品一致性检查表

受检查方：   填表时间： 年 月 日

产品名称、型号规格			
检查项目	检查内容	检查结论	不合格事实描述
铭牌标志	产品名称、型号规格、生产者和/或生产企业名称、电机功率、标志、警告用语(适用时)、产品使用说明书等	□符合 □不符合	
关键元器件	无机纤维复合帘面材质、生产单位(适用时) 温控释放装置型号规格、生产单位(适用时)	□符合 □不符合	
产品特性参数	钢质帘板结构、帘板材料规格型号、耐火填充材料规格型号及填充密度 双轨帘面间距(适用时) 帘面夹板尺寸及间距(适用时)	□符合 □不符合	
综合结论	□符合认证要求　　□不符合认证要求		

检查人员：
检查地点：

表4-10 防火卷帘用卷门机产品一致性检查表

受检查方   :   填表时间： 年 月 日

产品名称、型号规格			
检查项目	检查内容	检查结论	不合格事实描述
铭牌标志	产品名称、型号规格、生产者和/或生产企业名称、额定工作电压、额定工作频率、电机功率、标志、警告用语(适用时)、产品使用说明书等	□符合 □不符合	
关键元器件	电机规格型号、生产单位	□符合 □不符合	
产品特性参数	额定输出转矩	□符合 □不符合	
综合结论	□符合认证要求　　□不符合认证要求		

检查人员：
检查地点：

第5章 生产现场和使用领域检查实例分析

5.1 工厂检查概述

5.1.1 生产现场检查

按《消防产品工厂检查通用要求》(GA 1035),现场检查的实施一般分为首次会议、现场巡视核查、检查发现问题及沟通、确定检查结论及末次会议等5个工作阶段。其主要内容包括:首次会议、产品一致性检查、生产设备与检验设备检查、工厂质量保证能力检查、人员能力现场见证、检查组内部及与企业负责人沟通、末次会议等。

现场检查结论分为推荐通过和不推荐通过。

(1)未发现不合格或发现的不合格为一般不合格时,检查结论为推荐通过;工厂应在30日内完成纠正措施,并向检查组长提交纠正措施报告。

(2)发现的不合格为严重不合格时,经与认证机构相应管理部门请示同意后,检查结论为不推荐通过;检查结论为不推荐通过的,终止产品认证工作。

按照实施细则要有,出现下述情况之一的,属于严重不合格:

(1)违反国家相关法律法规;

(2)工厂质量保证能力的符合性、适宜性和有效性存在严重问题;

(3)在生产、流通、使用领域发现产品一致性不符;

(4)未在规定期限内采取纠正措施或在规定期限内采取的纠正措施无效;

(5)受检查方的关键资源缺失;

(6)认证使用的国家标准、技术规范或实施规则变更,认证委托人未按要求办理相关变更手续;

(7)产品经国家/行业监督抽查不合格,未完成有效整改;

(8)认证委托人未按规则使用证书、标志或未执行证书、标志的管理要求;

(9)证书暂停期间仍销售、安装被暂停证书的产品;

(10)经查实采取不正当手段获得证书;

(11)违反消防产品生产、销售流向登记制度;

（12）违反其他规定或有可能导致强制性认证结论失实的情况。

5.1.2 使用领域的检查

对于获证后企业的监督方式包括：获证后生产现场抽取样品检查（或检测）、获证后的跟踪检查、获证后使用领域抽取样品检查（或检测）等。使用领域的检查主要是核实产品的一致性以及证书、标志的加施情况。

5.2 防火门产品生产现场检查

5.2.1 制订检查计划

根据初始、扩大、监督等不同检查类型，需提前进行文件审查，熟悉企业的基本情况、证书及产品信息，制订对应的检查计划。检查计划应包括：认证委托人名称及地址，认证产品，检查目的，检查依据，检查范围，检查组成员及注册资格、专业能力范围，检查内容，检查方法，计划日程安排，检查工作和检查报告所使用的语言，检查报告发放要求等。

初始认证和扩大认证的检查计划中应至少包括下述内容：

（1）对工厂的生产和检验设备配置与运行情况进行检查的计划安排；

（2）对认证产品一致性、认证产品与检验报告及经指定检验机构确认的产品特性文件表的符合性进行检查的计划安排；

（3）对工厂质量保证能力要求的符合性及运行的有效性进行检查的计划安排；

（4）对证书和标志的使用情况进行检查的计划安排（适用时）；

（5）按认证机构特定的检查范围进行检查的计划安排；

（6）对生产过程以及检验过程见证的计划安排。

证后监督检查的检查计划应至少包括下述内容：

（1）对工厂的生产和检验设备配置与运行情况进行检查的计划安排；

（2）对证书覆盖产品进行一致性核查，核查其与认证证书、检验报告及经指定检验机构确认的产品特性文件表符合性的计划安排；

（3）对工厂质量保证能力要求的符合性及运行的有效性进行检查的计划安排；

（4）对证书和标志的使用情况进行检查的计划安排（适用时）；

（5）验证上次检查的不合格项所采取纠正措施的有效性的计划安排；

（6）按认证机构特定的检查范围进行检查的计划安排；

（7）对生产过程以及检验过程见证的计划安排；

（8）监督指定的其他检查内容。

5.2.2　基本检查流程

基本检查流程如下。

（1）现场检查前,检查组长应召开准备会,明确检查内容、分工要求、检查计划、分组的负责人等。

（2）对于初次参加检查工作的人员,组长应对其开展现场培训。

（3）工厂现场检查的实施一般分为首次会议、收集和验证信息、检查发现及沟通、确定检查结论及末次会议等 5 个工作阶段。

（4）工厂现场检查首次会议及末次会议。

（5）收集和验证信息工作应明确信息源,通过谈话、观察、查阅、检测等方法收集与检查目的、检查范围和检查准则有关的证据信息,并应加以记录。

（6）现场检查中应有效识别与产品形成过程相关的质量活动、和这些活动有关联的人员、事物、现象,指导质量活动的文件以及记载质量活动的质量记录等。应按照突出重点、总量和分量合理分配、适度均衡的原则随机抽取有代表性的样本,按照事实完整、信息充分、描述准确及有可追溯性的原则,准确发现和描述不满足工厂检查准则要求的事实。

（7）检查人员之间应及时互通信息,根据现场情况及时采取应对措施,保证检查工作的完整性。

（8）当检查过程中发现的不符合项已导致或有可能导致工厂质量保证能力或产品一致性不符合要求时,应出具不合格报告。

（9）检查组长应有效利用会议、对话等多种形式与被检查方就检查事宜进行沟通,争取对检查结论达成共识。

5.2.3　首次会议

首次会议流程如下。

（1）首次会期间,检查组长主持召开首次会议,参加人员为检查组的全体成员和认证委托人的有关人员。

（2）由组长介绍检查组成员,包括检查员的姓名、注册资格等;由认证委托人代表介绍参加首次会议的人员;组长代表检查组全体成员宣读《保密承诺及公正性声明》《重要事宜告知书》等并请认证委托人确认。

（3）介绍检查计划中检查目的、检查依据、检查范围和检查内容。

（4）确认产品生产及相关领域质量保证能力范围内的人数、部门、场所,明确对应企业负责人。

（5）介绍检查计划、检查组的分工。

（6）介绍不合格项及其分类、判断、整改。

（7）解答企业相关负责的疑问。

（8）确定现场企业联络人员，明确联络人员的作用为向导、见证和联络。

5.2.4　关键资源资质审核

关键资源资质审核内容如下。

（1）核实企业的营业执照，确认法人、注册和实际生产地址等信息是否与企业申报信息一致，土地证或租赁合同内容是否与生产地址一致。

（2）核实现场接受检查人员应为企业内部人员，并搜集证据。

（3）生产设备、检验设备应为企业自有设备，并搜集证据。

5.2.5　现场检查

5.2.5.1　生产过程见证

提前熟悉企业防火门产品生产工艺流程，并识别关键工序和特殊工序。结合企业的生产作业文件及设计文件（图纸），对生产过程进行见证。对于防火门产品，生产设备配置要符合本书第 3 章中 3.2.4 的要求。

对于钢质防火门常见生产过程见证有以下内容。

（1）钢板剪、冲、折过程及过程检验（图 5-1），期间核实钢板材质、厚度是否符合一致性要求。

图 5-1　钢板切割

（2）门框的成型过程及过程检验，核实钢板材质、厚度、结构尺寸是否符合一致性要求。

（3）门芯材料的填充（或灌注）（图 5-2）及压合工艺（图 5-3）。

图 5-2　钢质防火门门芯材料的填充过程

图 5-3　压合工艺

对于木质防火门常见生产过程见证有以下内容。

（1）木料的裁剪、切割过程（图 5-4）。

（2）木材的阻燃处理过程（适用时），可模拟操作。

（3）门芯材料的填充（或灌注）（图 5-5）及压合工艺（图 5-6）。

图 5-4　木料的切割

图 5-5　木质防火门门芯材料的灌注过程

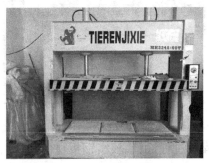

图 5-6　木质防火门的压合工艺

5.2.5.2　检验过程见证

提前熟悉企业防火门产品结构特性，结合企业的检验要求及设计文件（图纸），对检验过程进行见证。对于防火门产品，检验设备配置要符合本书第 3 章中 3.2.3 的要求。见证检验时要针对企业的检验技术文件、检验设备及其计量状态、人员操作及记录等方面分别作出判断。常见的见证检验项目有以下几种。

（1）门芯材料的密度（关键原材料的进货检验要求），是否符合一致性要求（门芯体积质量测量见图 5-7 至 5-8）。

（2）尺寸极限偏差（GB 12955—2008 中出厂检验项目 5.6）。

（3）门扇的扭曲度（GB 12955—2008 中出厂检验项目 5.7），注意平台尺寸不能小于企业申请的最大门扇尺寸（门扇扭曲度测试示意见图 5-9）。

图 5-7　测量体积

图 5-8　测量质量

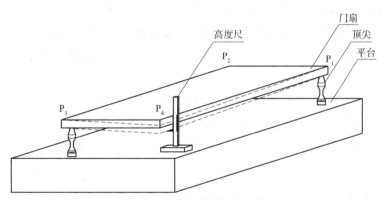

图 5-9　门扇扭曲度测试示意

5.2.6　产品一致性检查

企业批量生产销售的认证产品必须与型式检验时的合格样品保持一致，即与产品的型式检验报告和特性文件表保持一致。防火门产品的一致性检查，主要分为三各部分（表 5-1）。

表 5-1 产品一致性检查

检查项目	检查内容	检查结论
铭牌标志	产品名称、型号规格、生产者和 / 或生产企业名称、标志、警告用语(适用时)、产品使用说明书等	□符合 □不符合
关键原材料	门扇内填充材料种类、型号规格、生产单位	□符合 □不符合
产品特性参数	外形尺寸 门扇结构 门框结构 双扇门中缝连接方式(适用时) 防火玻璃透光尺寸及结构(适用时) 门扇厚度 门框侧壁宽度 防火密封件设置 门扇内填充材料填充工艺 盖缝板规格尺寸(适用时)	□符合 □不符合

（1）产品铭牌的检查。防火门铭牌产品一般包含以下内容：产品名称、型号规格、商标、生产者和 / 或生产企业名称、厂址、出厂日期、生产批号、执行标准等。要注意核实铭牌信息与特性文件表、企业申报信息及证书信息是否一致。

（2）关键原材料。门扇内填充材料种类、型号规格、生产单位是否与型式试验报告及特性文件表一致。可以通过企业的采购记录、供方检验报告、见证填充过程或破拆成品来核实。

（3）特性参数主要包括：外形尺寸、门扇结构、门框结构、双扇门中缝连接方式(适用时)、防火玻璃透光尺寸及结构(适用时)、门扇厚度、门框侧壁宽度、防火密封件设置、门扇内填充材料填充工艺、盖缝板规格尺寸(适用时)。尺寸和结构的核实，在见证生产过程中已经有一部分得到了验证，其余未得到验证的内容可针对成品进行核实。

5.2.7 企业质量保证能力及一致性控制检查

企业应建立并保持文件化的质量保证能力（表 5-2）及一致性控制（表 5-3）程序，确保体系运行的符合性、适宜性和有效性。具体的质量保证能力体系文件常包括程序文件、质量手册、技术文件和质量记录 4 个部分。

表 5-2 工厂质量保证能力要求

标准条款	检查内容	检查结论
	A.1. 职责和资源	
A.1.1 职责	工厂应规定与质量活动有关的各类人员的职责及相互关系 工厂应在组织内指定一名质量负责人。质量负责人应具有充分的能力胜任本职工作,无论其在其他方面的职责如何,应具有以下方面的职责和权限: a)负责建立满足本标准要求的质量体系,并确保其实施和保持; b)确保加贴强制性认证标志的产品符合认证标准的要求; c)建立文件化的程序,确保认证标志的妥善保管和使用; d)建立文件化的程序,确保变更后未经评定中心确认的获证产品,不加贴强制性认证标志	□符合 □不符合
A.1.2 资源	工厂应配备必要的生产设备和检验设备,以满足生产符合强制性认证标准产品的要求;应配备相应的人力资源,确保从事对产品质量有影响的人员具备必要的能力;建立并保持适宜产品生产、检验、试验、储存等所需的环境	□符合 □不符合
	A.2 文件和记录	
A.2.1	工厂应建立并保持认证产品的质量计划,以及为确保产品质量的相关过程有效运作和控制需要的文件。质量计划应包括产品设计目标、实现过程、检验及有关资源的确定,以及产品获证后对获证产品的变更(标准、工艺、关键件等)、标志的使用管理等的规定 产品设计标准或规范应是质量计划的一个内容,其要求应不低于认证实施规则中规定的标准要求	□符合 □不符合
A.2.2	工厂应建立并保持文件化的程序,以对标准要求的文件和资料进行有效控制。这些控制应确保: a)文件发布前和更改前应由授权人批准,以确保其适宜性; b)文件的更改和修订状态得到识别,防止作废文件的非预期使用; c)确保在使用处可获得相应文件的有效版本	□符合 □不符合
A.2.3	工厂应建立并保持质量记录的标识、储存、保管和处理的文件化程序,质量记录应清晰、完整,以作为过程、产品符合规定要求的证据 质量记录应有适当的保存期限	□符合 □不符合
	A.3 采购和进货检验	
A.3.1 供应商的控制	工厂应建立对关键元器件和材料的供应商的选择、评定和日常管理的程序,以确保供应商保持生产关键元器件和材料满足要求的能力 工厂应保存对供应商的选择评价和日常管理记录	□符合 □不符合
A.3.2 关键元器件和材料的检验/验证	工厂应建立并保持对供应商提供的关键元器件和材料的检验或验证的程序及定期确认检验的程序,以确保关键元器件和材料满足认证所规定的要求 关键元器件和材料的检验可由工厂进行,也可由供应商完成。当由供应商检验时,工厂应对供应商提出明确的检验要求 工厂应保存关键件检验或验证记录、确认检验记录及供应商提供的合格证明及有关检验数据等	□符合 □不符合
	A.4 生产过程控制和过程检验	
A.4.1	工厂应对生产的关键工序进行识别,关键工序操作人员应具备相应的能力,如果该工序没有文件规定就不能保证产品质量时,则应制定相应的工艺作业指导书,使生产过程受控	□符合 □不符合
A.4.2	产品生产过程中如对环境条件有要求,工厂应保证生产环境满足规定的要求	□符合 □不符合

续表

标准条款	检查内容	检查结论
A.4.3	可行时,工厂应对适宜的过程参数和产品特性进行监控	□符合 □不符合
A.4.4	工厂应建立并保持对生产设备进行维护保养的制度	□符合 □不符合
A.4.5	工厂应在生产的适当阶段对产品进行检验,以确保产品及零部件与认证样品一致	□符合 □不符合
A.5 例行检验和确认检验		
	工厂应制定并保持文件化的例行检验和确认检验程序,以验证产品满足规定的要求。检验程序中应包括检验项目、内容、方法、判定等。工厂应保存检验记录。具体的例行检验和确认检验要求应满足相应产品认证实施规则的要求	□符合 □不符合
A.6 检验和试验设备		
	用于检验和试验的设备应定期校准和检查,并满足检验试验能力 检验和试验的设备应有操作规程。检验人员应能按操作规程要求,准确地使用设备	□符合 □不符合
A.6.1 校准和检定	用于确定所生产的产品符合规定要求的检验试验设备应按规定的周期进行校准或检定 校准或检定应溯源至国家或国际基准。对自行校准的,应规定校准方法、验收准则和校准周期等。设备的校准状态应能被使用及管理人员方便识别 应保存设备的校准记录	□符合 □不符合
A.6.2 运行检查	用于例行检验和确认检验的设备应进行日常操作检查和运行检查。当发现运行检查结果不能满足规定要求时,应能追溯至已检验过的产品。必要时,应对这些产品重新进行检验。应规定操作人员在发现设备功能失效时需采取的措施 运行检查结果及采取的调整等措施应记录	□符合 □不符合
A.7 不合格品的控制		
	工厂应建立和保持不合格品控制程序,内容应包括不合格品的标识方法、隔离和处置及采取的纠正、预防措施。经返修、返工后的产品应重新检验。对重要部件或组件的返修应作相应的记录,应保存对不合格品的处置记录	□符合 □不符合
A.8 内部质量审核		
	工厂应建立和保持文件化的内部质量审核程序,确保质量体系运行的有效性和认证产品的一致性,并记录内部审核结果 对工厂的投诉尤其是对产品不符合标准要求的投诉,应保存记录,并应作为内部质量审核的信息输入。 对审核中发现的问题,应采取纠正和预防措施,并进行记录	□符合 □不符合
A.9 认证产品的一致性		
	工厂应对批量生产产品与型式试验合格的产品的一致性进行控制,以使认证产品持续符合规定的要求	□符合 □不符合

续表

标准条款	检查内容	检查结论
	A.10 获证产品的变更控制 　　工厂应建立并保持文件化的变更控制程序,确保认证产品的设计、采用的关键件和材料以及生产工序工艺、检验条件等因素的变更得到有效控制。获证产品涉及到如下的变更,工厂在实施前应向评定中心申报,获得批准后方可执行: a)产品设计(原理、结构等)的变更; b)产品采用的关键件和关键材料的变更; c)关键工序、工艺及其生产设备的变更; d)例行检验和确认检验条件和方法变更; e)生产场所搬迁、生产质量体系换版等变更; f)其他可能影响与相关标准的符合性或型式试验样机的一致性的变更	□符合 □不符合
	A.11 包装、搬运和储存 　　工厂包装、搬运、操作和储存环境应不影响产品符合规定标准要求	□符合 □不符合

表5-3　工厂质量保证能力要求

条款号	检查内容	检查结论
	1. 产品一致性控制文件	
1.1	工厂应建立并保持认证产品一致性控制文件,一致性控制文件至少应包括: a)针对具体认证产品型号的设计要求、产品结构描述、物料清单(应包含所使用的关键元器件的型号、主要参数及供应商)等技术文件; b)针对具体认证产品的生产工序工艺、生产配料单等生产控制文件; c)针对认证产品的检验(包括进货检验、生产过程检验、成品例行检验及确认检验)要求、方法及相关资源条件配备等质量控制文件; d)针对获证后产品的变更(包括标准、工艺、关键件等变更)控制、标志使用管理等程序文件	□符合 □不符合
1.2	产品设计标准或规范应是产品一致性控制文件的其中一个内容,其要求应不低于该产品的认证实施规则中规定的标准要求	□符合 □不符合
	2. 批量生产产品的一致性 　　工厂应采取相应的措施,确保批量生产的认证产品至少在以下方面与型式检验合格样品保持一致: a)认证产品的铭牌、标志、说明书和包装上所标明的产品名称、规格和型号; b)认证产品的结构、尺寸和安装方式; c)认证产品的主要原材料和关键件	□符合 □不符合
	3. 关键件和材料的一致性 　　工厂应建立并保持对供应商提供的关键元器件和材料的检验或验证的程序,以确保关键件和材料满足认证所规定的要求,并保持其一致性 　　关键件和材料的检验可由工厂进行,也可以由供应商完成。当由供应商检验时,工厂应对供应商提出明确的检验要求 　　工厂应保存关键件和材料检验或验证记录、供应商提供的合格证明及有关检验数据等	□符合 □不符合

续表

条款号	检查内容	检查结论
	4. 例行检验和确认检验	
	工厂应建立并保持文件化的例行检验和确认检验程序,以验证产品满足规定的要求,并保证其一致性。检验程序中应包括检验项目、内容、方法、判定准则等	□符合 □不符合
	应保存检验记录	
	工厂生产现场应具备例行检验项目的检验能力	
	5. 产品变更的一致性控制	
	工厂建立的文件化变更控制程序应包括产品变更后的一致性控制内容,获证产品涉及 A.10 规定的变更,经评定中心批准后,工厂应通知到相关职能部门、岗位和/或用户,并按变更实行产品一致性控制	□符合 □不符合

5.2.8 生产现场监督检查

认证委托人、生产者、生产企业应按《强制性产品认证管理规定》《强制性产品认证标志管理办法》,实施规则、实施细则和认证标准的要求,确保其持续生产的获证产品符合法律法规和标准要求,企业质量保证能力和产品一致性控制持续符合认证要求。

获证后监督方式包括:获证后生产现场抽取样品检查(或检测)、获证后的跟踪检查、获证后使用领域抽取样品检查(或检测)等,其"获证后生产现场抽取样品检查(或检测)"适用于所有类别企业。

生产现场监督检查,对于 A、B、C 类实施获证后生产现场抽取样品检查(或检测),对于 D 类企业还要追加获证后的跟踪检查。对于防火门产品来说,跟踪监督检查除了一致性核查,还要检查企业质量保证能力的 3、4、5、6、9 条款运行的有效性,还应重点核实企业是否具有以下情况:

(1)是否有获证产品变更未经批准违规出厂销售行为等;

(2)受监督企业有无销售与证书不符产品的情况;

(3)受监督企业有无证书暂停、注销、撤销后继续出厂销售原获证产品的行为;

(4)现场生产和检验过程见证(适用时);

(5)受监督企业是否按照《消防产品监督管理规定》及评定中心的有关规定建立了消防产品生产、销售流向信息登记制度,如实记录产品名称、批次、规格、数量、销售去向等内容,按规定上传至"消防产品生产、销售流向登记管理系统";

(6)验证上次监督检查和/或产品监督检验不合格项所采取纠正措施的有效性。

5.3　防火门产品使用领域监督检查

5.3.1　前期准备工作

（1）根据获取的企业信息、产品信息及工地信息，提前了解企业证书状态、产品型式试验报告和特性文件表信息；

（2）检查组可提前2天通知企业在制定工地进行产品监督，要求在规定时间配合检查，并提前与使用领域现场做好各方面的沟通准备，企业法人或法人授权人（有法人授权书）需到场，并携带公章、3C证书、型式试验报告、特性文件表、破拆工具、测量工具等。

5.3.2　检查基本流程

（1）监督组到达使用单位后，须对使用单位全部应监督类别的获证产品进行统计，书面记录现场情况。

（2）监督检查前，监督组首先应现场抽取样品核查CCC标志加施情况，核查产品生产、销售流向信息情况，核查铭牌标志、规格型号与证书的符合性。对未见异常的，开展产品一致性检查；现场发现异常的，监督组如实记录有关问题。对于无法确认生产企业的产品，应终止检查，并书面上报；

（3）监督组按照要求现场抽取样品进行一致性检查；

（4）监督组发现产品与证书内容不符的情况时，应立即要求受检查方采取相应措施，未经认证或变更确认的产品不得使用，监督组可收回全部证书，要求认证委托人在规定的时限内完成整改，并应要求企业先行完成上述纠正措施后，方可继续销售产品，为保证认证有效性，可封存认证证书。当获证企业未采取纠正措施或无法落实整改要求时，检查组应在5个工作日内上传检查结果，评定中心应根据《强制性产品认证管理规定》对证书进行处理；

（5）上传信息与现场样品实物严重不符的，监督组应书面上报，随附企业书面说明（加盖公章）；

（6）对于在使用领域发现的产品一致性、质量或维护保养方面的问题，监督组应要求企业当场或限期整改（视现场情况而定），不得影响获证产品使用。企业整改完毕后应提交使用单位或监督部门出具的有关材料；

（7）监督组现场怀疑产品一致性不符但无法准确判定时，或生产企业对现场判定结论有争议时，监督组应现场抽、封样，由评定中心安排有关部门开展产品一致性检查。对不具备现场抽样条件的，监督组应及时与指定实验室沟通，协助开展产品一致性检查工作；

（8）监督组抽取样品后，应要求获证企业立即进行补货、重新安装，不得影响获证产品有效使用；

（9）现场监督结束后，监督组长应就监督情况与受监督企业进行沟通，通报监督中发现的问题和现场监督结论，要求其在现场一致性检查记录上签字，盖章确认。对现场监督结论有异议的或拒绝在监督现场一致性检查记录上确认的，监督组应书面上报。

5.3.3　一致性检查

使用领域监督检查，对于防火门产品来说是重点核实其产品的一致性，根据工地的产品信息，首先向企业了解该型号产品在此工地的销售数量及安装分布情况，并随机抽取其中一趟防火门产品，对照报告和特性文件表进行铭牌标志、尺寸和极限偏差测量，门框、门扇、玻璃结构以及配件进行一致性核查，并填写一致性检查表（表5-4）。

表5-4　防火门产品使用领域一致性检查表

生产企业：　　　　　　　　　　　　　　　　　检查日期：　年　月　日

产品名称、型号规格			
生产日期、生产批号			
建设工程名称			
建设工程地址			
检查项目	检查内容	检查结论	不合格事实描述
一、铭牌标志	1. 铭牌产品名称、型号规格、生产者和/或生产企业名称、标志、警告用语（适用时）、产品使用说明书等 2. 身份信息标志、CCC标志	□符合 □不符合	
二、关键原材料	门扇内填充材料种类	□符合 □不符合	
三、产品结构及特性参数	1. 外形尺寸 2. 门扇结构 3. 门框结构 4. 玻璃透光尺寸（适用时） 5. 玻璃结构（适用时） 6. 门扇厚度 7. 门框侧壁宽度 8. 防火密封件设置 9. 双扇门中缝连接方式（适用时） 10. 盖封板规格尺寸（适用时）	□符合 □不符合	
综合结论	□符合　　　　□不符合		

（1）对铭牌的检查,需要与企业产品特性文件表内容一致;标志需要有身份信息标志及 CCC 标志两种,需核实身份信息标志扫码内容(企业信息、产品信息、流向信息)是否与实际一致;

（2）对于门扇填充材料以及门扇、门扇、玻璃的结构及尺寸偏差测量,通常需要企业对现场产品进行拆卸或破拆之后才能确定,破拆实例见图 5-10、5-11、5-12;

图 5-10　破拆前

图 5-11　破拆后

图 5-12　门扇结构

（3）防火膨胀密封件型号及结构尺寸与安装位置需要与报告一致;

（4）五金件的配置需要与报告符合,实施 CCC 认证后生产的防火门产品,其配备的闭门器、防火锁也应为 3C 产品。

5.3.4　检查文件

（1）检查应对使用领域监督过程进行必要的拍照和拍摄，并存好记录，必要时上传 OA 系统。

（2）检查组在使用领域监督检查需要形成的文件有：监督通知回执、受检查方产品确认书、产品一致性检查表、使用领域监督检查报告、受检查方更换产品承诺书（必要时）、认证企业分类管理分级评价记录。文件需要生产企业签字盖章、使用方盖章（适用时）确认；

（3）检查组记录好破拆防火门的身份信息标志编号，并对破拆本体贴封条标记，并将存根贴在纸质检查文件上。